配电网工程全过程技术监督

典型问题汇编

PEIDIANWANG GONGCHENG QUANGUOCHENG JISHU JIANDU

DIANXING WENTI HUIBIAN

国网北京市电力公司电力科学研究院　组编

中国电力出版社
CHINA ELECTRIC POWER PRESS

内 容 提 要

全书分为架空电力线路、柱上变压器台区、低压综合配电箱、柱上开关、箱式变电站、配电站室和避雷器 7 章，附录部分收录了国网北京市电力公司制定并执行的《国网北京市电力公司配电网建设改造原则》。本书从技术和管理角度选录了近年来通过技术监督手段发现的配电网工程设计、施工、安装和监理等全过程各阶段的典型问题，按设备和问题类型进行归纳和分类，并将典型问题和规范做法以图文并茂的形式展现，最后点明相关标准条款，用以指导施工、监理和建设单位规范与防治工艺质量问题，推进配电网工程标准化建设。

本书可作为配电网技术监督人员的学习资料，也可作为配电网建设施工人员的指导手册。

图书在版编目（CIP）数据

配电网工程全过程技术监督典型问题汇编/国网北京市电力公司电力科学研究院组编 . —北京：中国电力出版社，2018.12

ISBN 978 - 7 - 5198 - 2770 - 0

Ⅰ.①配… Ⅱ.①国… Ⅲ.①配电系统－电力工程－技术监督－问题解答 Ⅳ.①TM727 - 44

中国版本图书馆 CIP 数据核字（2018）第 293076 号

出版发行：中国电力出版社
地　　址：北京市东城区北京站西街 19 号（邮政编码 100005）
网　　址：http://www.cepp.sgcc.com.cn
责任编辑：肖　敏（010 - 63412363）
责任校对：黄　蓓　王海南
装帧设计：赵丽媛
责任印制：石　雷

印　　刷：北京博图彩色印刷有限公司
版　　次：2019 年 9 月第一版
印　　次：2019 年 9 月北京第一次印刷
开　　本：710 毫米×980 毫米　16 开本
印　　张：9.25
字　　数：137 千字
印　　数：0001—2000 册
定　　价：58.00 元

编　委　会

主　任　陈平

副主任　周松霖　常晓旗　李国昌　及洪泉

委　员　王彦卿　冯义　沈静　王芳　李佳

范美辉　迟忠君　李红

编　写　人　员

前　言
PREFACE

　　为了更好地满足居民和企业的电力供应，完善配电网网架结构，提高配电网运行可靠性，2014年以来，国网北京市电力公司实施配电网建设改造工程，同时加大对配电网工程的技术监督工作，采取抽检方式对所辖范围内配电网施工工程设计、施工、安装和监理阶段等全过程开展现场监督和检查，严把工程质量关，推进配电网工程标准化建设。国网北京市电力公司电力科学研究院从技术和管理角度筛选出近年来通过技术监督手段发现的配电网工程设计、施工、安装和监理等全过程各阶段的典型问题，编写了《配电网工程全过程技术监督典型问题汇编》一书。

　　本书共有7章，为架空电力线路、柱上变压器台区、低压综合配电箱、柱上开关、箱式变电站、配电站室和避雷器。附录部分收录了《国网北京市电力公司配电网建设改造原则》。本书以"安全、经济、标准、简单"为目标，以技术监督为手段，对检查发现的典型问题，按设备和问题类型进行归纳和分类，将典型问题和规范做法以图文并茂的形式展现，以便读者直观、清晰地了解配电网工程全过程出现的"常见病"，最后点明相关标准条款。本书简明易懂、实用性强，可作为配电网技术监督人员的学习资料，也可作为配电网建设施工人员的指导手册。

　　由于编者水平有限，书中难免有疏漏、不妥之处，敬请各位读者批评指正！

2019.8

目　录
CONTENTS

前言

❶　架空电力线路 ……………………………………………… 1

　1.1　金具 …………………………………………………… 1

　1.2　电杆 …………………………………………………… 7

　1.3　拉线 …………………………………………………… 11

　1.4　绝缘子 ………………………………………………… 16

　1.5　架空导线 ……………………………………………… 19

　1.6　接户线 ………………………………………………… 24

　1.7　标识 …………………………………………………… 26

　1.8　绝缘防护 ……………………………………………… 28

　1.9　接地装置 ……………………………………………… 28

❷　柱上变压器台区 …………………………………………… 31

　2.1　变压器 ………………………………………………… 31

　2.2　熔断器 ………………………………………………… 40

　2.3　10kV 电缆 …………………………………………… 42

　2.4　接地装置 ……………………………………………… 50

　2.5　螺栓配置 ……………………………………………… 52

❸　低压综合配电箱 …………………………………………… 54

　3.1　箱体 …………………………………………………… 54

　3.2　金具 …………………………………………………… 58

　3.3　电流互感器 …………………………………………… 59

3.4　低压电缆 ·· 60

3.5　控制（二次）电缆 ··· 67

3.6　绝缘防护 ·· 70

3.7　螺栓配置 ·· 73

❹　柱上开关 ·· 74

4.1　柱上负荷开关 ·· 74

4.2　柱上断路器 ·· 81

4.3　柱上电压互感器 ·· 83

4.4　馈线终端(FTU) ·· 88

4.5　接地装置 ·· 90

❺　箱式变电站 ·· 94

5.1　基础 ·· 94

5.2　二次仪表小室 ·· 96

5.3　站所终端（DTU） ·· 100

5.4　接地装置 ··· 102

5.5　标识 ·· 102

❻　配电站室 ·· 104

6.1　变压器 ·· 104

6.2　电缆 ·· 105

6.3　标识 ·· 110

6.4　孔洞封堵 ··· 111

6.5　接地装置 ··· 114

6.6　附属设施 ··· 116

❼　避雷器 ·· 118

附录　国网北京市电力公司配电网建设改造原则（摘要） ················ 127

参考文献 ·· 138

1 架空电力线路

1.1 金 具

【1 1 物资质量问题】 金具锈蚀

(1) 问题描述。金具焊接点有明显锈蚀，机械强度下降。

(2) 问题照片及规范做法分别如图 1-1-1 和图 1-1-2 所示。

图 1-1-1 问题照片

图 1-1-2 规范做法

(3) 违反的标准（规范）条款。国网北京市电力公司的《配电网施工工艺及验收规范》第 5.3.14.3 条："镀锌金具锌层应良好，无锌层脱落、锈蚀等现象"。

【1-2 物资质量问题】 电缆抱箍镀锌层不规范

(1) 问题描述。电缆抱箍表面镀锌不均匀、工艺粗糙、耐腐蚀性差。

(2) 问题照片及规范做法分别如图 1-2-1 和图 1-2-2 所示。

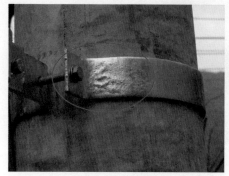

图1-2-1　问题照片　　　　　　　图1-2-2　规范做法

（3）违反的标准（规范）条款。国网北京市电力公司的《配电网施工工艺及验收规范》第5.3.14.3条："镀锌金具锌层应良好，无锌层脱落、锈蚀等现象"。

【1-3　物资质量问题】　线夹绝缘楔块无固定锁扣

（1）问题描述。楔型绝缘耐张线夹楔块上无固定锁扣，楔块对扣时缝隙较大，当穿入导线时，楔块不能起到采用锁扣保护绝缘导线的作用，会发生导线滑动现象。

（2）问题照片及规范做法分别如图1-3-1和图1-3-2所示。

（3）违反的标准（规范）条款。国网北京市电力公司的《配电网施工工艺及验收规范》第5.3.14.6条："线夹绝缘楔块、垫块完好、无裂缝、无老化"。

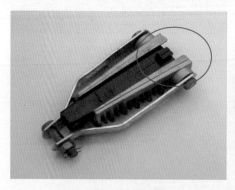

图1-3-1　问题照片　　　　　　　图1-3-2　规范做法

【1-4 施工质量问题】 横担固定螺栓穿入不规范

（1）问题描述。横担固定螺栓由上向下穿入，螺栓穿入方向未按照规范要求由下向上穿入。

（2）问题照片及规范做法分别如图1-4-1和图1-4-2所示。

图1-4-1　问题照片　　　　　　　图1-4-2　规范做法

（3）违反的标准（规范）条款。国网北京市电力公司的《配电网施工工艺及验收规范》第6.2.4.11条螺栓穿入方向："（1）顺线路方向，由送电侧穿入；横线路方向，由左向右（面向受电侧）穿入。（2）垂直线路方向由下向上穿入"。

【1-5 施工质量问题】 耐张杆横担固定不规范

（1）问题描述。耐张杆横担使用螺栓固定，未采用联板，固定不可靠。

（2）问题照片及规范做法分别如图1-5-1和图1-5-2所示。

（3）违反的标准（规范）条款。《国网北京市电力公司配电网工程典型设计——线路分册》中图21-2耐张（四线）混凝土电杆安装图（N2-10-G），如图1-5-3所示。

图 1-5-1　问题照片　　　　　　　　图 1-5-2　规范做法

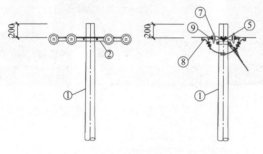

材料表					
编号	名称	规格	单位	数量	备注
①	普通混凝土电杆	φ190×10m C级	基	1	
②	角　拒	L63×63×6×2174	块	2	甲120
③	抱　铁	—63×8×280	块	2	217
④	螺　栓	φ16×275	条	2	
⑤	螺　栓	φ16×40	条	12	
⑥	平　垫	φ18	个	4	
⑦	悬式绝缘子	U400	片	8	
⑧	耐张线夹	SLL-1	个	8	
⑨	U型环	U-7	个	8	
⑩	平行挂板	PS-7	副	8	

注：用于JKLYJ-150mm²及以下导线
安装尺寸仅供参考。

图 1-5-3　耐张（四线）混凝土电杆安装图（N2-10-G）

【1-6　施工质量问题】　横担歪斜

（1）问题描述。直线杆横担径向歪斜。

（2）问题照片及规范做法分别如图 1-6-1 和图 1-6-2 所示。

（3）违反的标准（规范）条款。国网北京市电力公司的《配电网施工工艺及验收规范》第 6.2.4.6 条："除偏支担外，横担安装应平正，安装偏差应符合下列要求：（1）横担两端上下歪斜不应大于 20mm"。

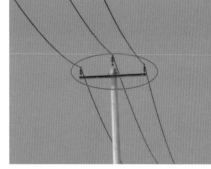

图 1-6-1　问题照片　　　　　　　图 1-6-2　规范做法

【1-7　施工质量问题】　横担中相立铁抱箍安装位置不规范

（1）问题描述。横担中相立铁抱箍与杆梢距离小于 100mm，混凝土电杆的杆头出现缺陷的几率较大，应避免抱箍安装过于靠近杆头。

（2）问题照片及规范做法分别如图 1-7-1 和图 1-7-2 所示。

图 1-7-1　问题照片　　　　　　　图 1-7-2　规范做法

（3）违反的标准（规范）条款。《国网北京市电力公司配电网工程典型设计——线路分册》中图 7-1 直线混凝土电杆安装图（Z1-15-Ⅰ），该图如图 1-7-3 所示。

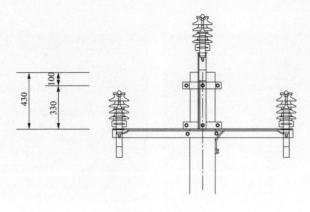

图 1-7-3 直线混凝土电杆安装图（Z1-15-Ⅰ）

【1-8 施工质量问题】 固定螺栓焊接不规范

（1）问题描述。加强型电杆金具的规格与杆径不匹配，导致螺杆长度不足，现场采用焊接方式加长，违反改造原则。

（2）问题照片及规范做法分别如图 1-8-1 和图 1-8-2 所示。

图 1-8-1 问题照片

图 1-8-2 规范做法

（3）违反的标准（规范）条款。国网北京市电力公司的《配电网施工工艺及验收规范》第 6.2.4.10 条："不得采用现场切割、焊接拼装横担、抱箍方式，不得破坏横担、抱箍的镀锌层"。

【1-9 施工质量问题】 螺栓锈蚀

（1）问题描述。新立钢杆底部法兰螺栓锈蚀，未采用 35 号优质碳素钢，且未做基础保护帽。

（2）问题照片及规范做法分别如图 1-9-1 和图 1-9-2 所示。

（3）违反的标准（规范）条款。《国网北京市电力公司配电网工程典型设计——线路分册》第 11.1.3 条钢管杆材质及连接方式："（2）地脚螺栓采用 35 号优质碳素钢。（3）钢管杆采用地脚螺栓与基础进行连接"。

图 1-9-1 问题照片

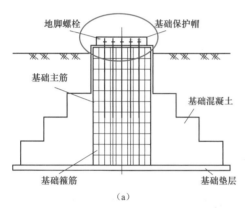

（a）

（b）

图 1-9-2 规范做法

（a）结构图；（b）实物图

1.2 电 杆

【1-10 设计质量问题】 转角杆设计错误

（1）问题描述。位于停车场的转角杆，沿杆敷设有高压电缆，且档距大于 50m，此杆倾斜没有拉线，设计人员未在图纸中标注增加电杆或新打拉线。

（2）问题照片及规范做法分别如图 1-10-1 和图 1-10-2 所示。

图 1-10-1　问题照片　　　　　　　　　图 1-10-2　规范做法

（3）违反的标准（规范）条款。《国网北京市电力公司配电网工程典型设计——线路分册》第 9.1.3 条拉线："（3）拉线应在不具备安装钢管杆、高强度混凝土电杆的耐张及转角杆处使用"。

【1-11　物资质量问题】　电杆信息标记缺失

（1）问题描述。电杆杆身无制造厂名或商标、载荷级别、3m 标记线、型号规格等永久信息标记。

（2）问题照片及规范做法分别如图 1-11-1 和图 1-11-2 所示。

图 1-11-1　问题照片　　　　　　　　　图 1-11-2　规范做法

（3）违反的标准（规范）条款。国网北京市电力公司的《配电网施工工艺及验收规范》第 5.3.12.1 条："（5）杆身永久标记含制造厂名或商标、载荷级别、3m 标记线、型号规格"。

【1-12 施工质量问题】 新立电杆基础未夯实

（1）问题描述。新立直线电杆的电杆基础未夯实、塌陷，会导致电杆杆梢位移偏大。

（2）问题照片及规范做法分别如图1-12-1和图1-12-2所示。

图1-12-1 问题照片

图1-12-2 规范做法

（3）违反的标准（规范）条款。国网北京市电力公司的《配电网施工工艺及验收规范》第7.2.2.1条："电杆的规格符合设计要求，施工安装质量是否符合规定，基础是否夯实"。

【1-13 施工质量问题】 电杆埋深不够

（1）问题描述。新立15m电杆，埋深（即埋设深度）小于2.3m。

（2）问题照片及规范做法分别如图1-13-1和图1-13-2所示。

图1-13-1 问题照片

图1-13-2 规范做法

（3）违反的标准（规范）条款。《国网北京市电力公司配电网工程典型设计——线路分册》表7-1混凝土电杆埋设深度及根部弯矩计算点距离中规定15m杆埋深应为2.3m。

【1-14 施工质量问题】 电杆倾斜

（1）问题描述。电杆组立好后倾斜，电杆倾斜在风偏情况下易导致电杆倾倒。

（2）问题照片及规范做法分别如图1-14-1和图1-14-2所示。规范做法指杆身应正直，并保证架设导线成直线，避免导线承受扭力和损伤。

图1-14-1 问题照片   图1-14-2 规范做法

（3）违反的标准（规范）条款。国网北京市电力公司的《配电网施工工艺及验收规范》第6.2.3.1条电杆立好后应正直，位置偏差应符合下列规定（含加底盘）："（1）直线杆的横向位移不应大于50mm，杆梢位移不应大于杆梢直径的1/2"。

【1-15 施工质量问题】 杆基裂纹

（1）问题描述。电杆存在纵向裂纹，使杆身强度降低。杆身表面应光滑平整，不应有纵向裂纹，横向裂纹宽度不应超过0.1mm，其长度不允许超过1/3周长。

（2）问题照片及规范做法分别如图 1-15-1 和图 1-15-2 所示。

图 1-15-1　问题照片

图 1-15-2　规范做法

（3）违反的标准（规范）条款。国网北京市电力公司的《配电网施工工艺及验收规范》第 5.3.12.1 条普通环形钢筋混凝土电杆："（4）杆身应无纵向裂纹。横向裂纹宽度不应超过 0.1mm，其长度不允许超过1/3 周长"。

1.3　拉　　线

【1-16　施工质量问题】　拉线尾线绑扎不规范

（1）问题描述。楔型 UT 线夹处拉线尾线绑扎长度小于 40mm，且尾线未预留长度。

（2）问题照片及规范做法分别如图 1-16-1 和图 1-16-2 所示。

（3）违反的标准（规范）条款。国网北京市电力公司的《配电网施工工艺及验收规范》第 6.2.6 条拉线安装（2）楔型线夹和楔型 UT 线夹安装："3）楔型线夹处拉线尾线应露出线夹 200mm，用直径 2mm 镀锌铁线与主拉线绑扎 20mm；楔型 UT 线夹处拉线尾线应露出线夹 300～500mm，用直径 2mm镀锌铁线与主拉线绑扎 40mm"。

图1-16-1　问题照片

图1-16-2　规范做法

【1-17　施工质量问题】　拉线盘配置不规范

（1）问题描述。拉线未配置拉线盘，且未埋设在地面以下。

（2）问题照片及规范做法分别如图1-17-1和图1-17-2所示。

图1-17-1　问题照片

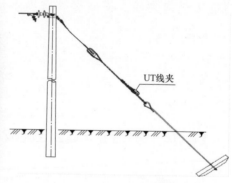

图1-17-2　规范做法

（3）违反的标准（规范）条款。国网北京市电力公司的《配电网施工工艺及验收规范》第6.2.6.1条一般规定："（3）拉线坑应挖斜坡（马道），使拉线棒与拉线成一直线"。

【1-18　施工质量问题】　拉线角度不满足要求

（1）问题描述。拉线与电杆的夹角小于30°。

（2）问题照片及规范做法分别如图1-18-1和图1-18-2所示。

图1-18-1　问题照片

图1-18-2　规范做法

（3）违反的标准（规范）条款。国网北京市电力公司的《配电网施工工艺及验收规范》第6.2.6.1条一般规定："（2）拉线与电杆的夹角宜采用45°（经济夹角），当受环境限制时，可适当减小，但不应小于30°，拉线应正常受力，不得松弛"。

【1-19　施工质量问题】　拉线未安装反光警示防护管

（1）问题描述。新安装拉线未安装反光警示防护管。

（2）问题照片及规范做法分别如图1-19-1和图1-19-2所示。

图1-19-1　问题照片

图1-19-2　规范做法

（3）违反的标准（规范）条款。国网北京市电力公司的《配网施工工艺及验收规范》第6.2.6条一般规定："（5）对人口稠密地区人行道、交通路口、停车场等有车辆人员通行场所的拉线应加装拉线反光警示防护管"。

【1–20 施工质量问题】 拉线盘定位偏移

（1）问题描述。拉线盘定位偏移，拉线盘与拉线抱箍不在一条直线上，导致拉线与悬式绝缘子冲突。

（2）问题照片及规范做法分别如图1–20–1和图1–20–2所示。

（3）违反的标准（规范）条款。国网北京市电力公司的《配电网施工工艺及验收规范》第6.2.6.1条一般规定："（3）拉线坑应挖斜坡（马道），使拉线棒与拉线成一直线"。

图1–20–1 问题照片

图1–20–2 规范做法

【1–21 施工质量问题】 拉线松弛

（1）问题描述。拉线松弛，未能正常拉紧电杆，存在电杆倾斜甚至倒杆的风险。

（2）问题照片及规范做法分别如图1–21–1和图1–21–2所示。

（3）违反的标准（规范）条款。国网北京市电力公司的《配电网施工工艺及验收规范》第6.2.6.1条一般规定："（2）拉线与电杆的夹角宜采用45°（经济夹角），当受环境限制时，可适当减小，但不应小于 30°，拉线应正常受力，不得松弛"。

图 1-21-1　问题照片

图 1-21-2　规范做法

【1-22　施工质量问题】转角杆未安装拉线

（1）问题描述。转角杆未安装拉线，电杆受力不均衡向内角倾斜，风偏易导致电杆倾倒。

（2）问题照片及规范做法分别如图 1-22-1 和图 1-22-2 所示。

图 1-22-1　问题照片

图 1-22-2　规范做法

（3）违反的标准（规范）条款。国网北京市电力公司的《配电网施工工艺及验收规范》第 6.2.6.1 条一般规定："（1）终端杆、丁字杆及耐张杆的承力拉线应与线路方向对正；分角拉线（转角合力拉线）应与线路分角线方向对正；防风拉线（人字拉线）应与线路方向垂直"。

【1‑23 施工质量问题】 拉线棒埋深不足

（1）问题描述。拉线棒埋深不足，露出地面长度大于700mm。

（2）问题照片及规范做法分别如图1‑23‑1和图1‑23‑2所示。

（3）违反的标准（规范）条款。国网北京市电力公司的《配电网施工工艺及验收规范》第6.2.6.1条一般规定："（3）拉线棒外露地面长度一般为500mm～700mm"。

（a） （b）

图1‑23‑1 问题照片

（a）远视图；（b）近视图

图1‑23‑2 规范做法

1.4 绝 缘 子

【1‑24 物资质量问题】 柱式绝缘子破损

（1）问题描述。柱式绝缘子存在瓷釉不光滑、局部破损缺釉等缺陷。

（2）问题照片及规范做法分别如图1‑24‑1和图1‑24‑2所示。

（3）违反的标准（规范）条款。国网北京市电力公司的《配电网施工工艺及验收规范》第5.3.22.1条："瓷釉光滑，无裂纹、缺釉、斑点、气泡等缺陷"。

图 1-24-1 问题照片　　　　　　　图 1-24-2 规范做法

【1-25 施工质量问题】 中相绝缘子倾斜

(1) 问题描述。直线杆中相柱式绝缘子倾斜严重，固定不牢固。

(2) 问题照片及规范做法分别如图 1-25-1 和图 1-25-2 所示。

图 1-25-1 问题照片　　　　　　　图 1-25-2 规范做法

(3) 违反的标准（规范）条款。国网北京市电力公司的《配电网施工工艺及验收规范》第 6.2.5.3 条："安装 10kV 柱式绝缘子、0.4kV 针式绝缘子时应加弹簧垫圈，安装应牢固"。

【1-26 施工质量问题】 绝缘子固定不牢固

(1) 问题描述。线路柱式绝缘子在安装时，未配置双螺母，固定不牢固。

(2) 问题照片及规范做法分别如图 1-26-1 和图 1-26-2 所示。

图 1-26-1 问题照片　　　　　　图 1-26-2 规范做法

（3）违反的标准（规范）条款。国网北京市电力公司的《配电网施工工艺及验收规范》第 6.2.5.3 条："安装 10kV 柱式绝缘子、0.4kV 针式绝缘子时应加弹簧垫圈，安装应牢固。10kV 线路型柱式绝缘子应安装双螺母"。

【1-27　施工质量问题】　悬式绝缘子安装不规范

（1）问题描述。悬式绝缘子固定螺栓未加装弹簧销，线路风振时，如螺栓脱落易发生断线事故。

（2）问题照片及规范做法分别如图 1-27-1 和图 1-27-2 所示。

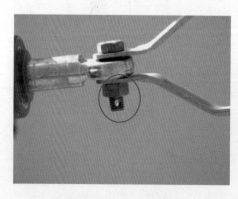

图 1-27-1 问题照片　　　　　　图 1-27-2 规范做法

（3）违反的标准（规范）条款。国网北京市电力公司的《配电网施工工艺及验收规范》第6.2.5.4条安装悬式、蝴蝶式绝缘子："（2）耐张串上的弹簧销子、螺栓应由上向下穿"。

1.5 架 空 导 线

【1-28 设计质量问题】 设计未考虑更换裸铝绞线

（1）问题描述。10kV整条线路更换导线，部分裸铝绞线在设计图纸上未标明更换为绝缘线，易导致改造后导线的三相电流不平衡，以及线路承载负荷不均匀而引发断线。

（2）设计图纸及问题照片分别如图1-28-1和图1-28-2所示。

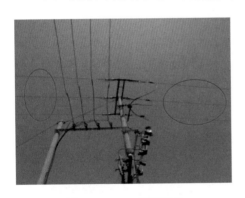
图1-28-1 问题照片

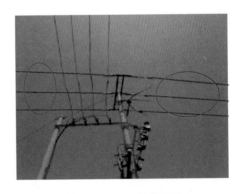
图1-28-2 规范做法

（3）违反的标准（规范）条款。《国网北京市电力公司配电网建设改造原则》第3.1.1条主要原则："（1）按照多分段、多联络改造线路及故障多发线路为优先的原则，对A+、A及B区域全部线路进行全绝缘化改造"。

【1-29 施工质量问题】 导线敷设不规范

（1）问题描述。架空导线的敷设未采取保护措施，放线未使用滑轮槽。

（2）问题照片及规范做法分别如图1-29-1和图1-29-2所示。

（3）违反标准（规范）条款。国网北京市电力公司的《配电网施工工艺及验收规范》第 6.2.8.1 条放线："（2）放、紧线过程中，应将导线放在铝制滑轮或塑料滑轮槽内，导线不得在地面、杆塔、横担、架构、绝缘子及其他物体上拖拉，避免损伤导线或绝缘层。对牵引线头应设专人看护，防止卡阻损伤横担、电杆"。

图 1-29-1　问题照片　　　　　　　　图 1-29-2　规范做法

【1-30　施工质量问题】　交叉线路不规范

（1）问题描述。10kV 架空导线在交叉跨越时，垂直距离小于 2.5m。

（2）问题照片及规范做法分别如图 1-30-1 和图 1-30-2 所示。

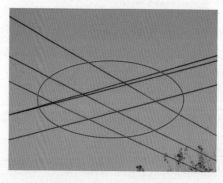 

图 1-30-1　问题照片　　　　　　　　图 1-30-2　规范做法

（3）违反标准（规范）条款。国网北京市电力公司的《配电网施工工艺及验收规范》第 6.2.8.8 条交叉跨越和接近距离中表 11 10kV 电力线路导线之间交叉或接近距离规定最小垂直距离为 2.5m、最小水平距离为 0.75m，该表如表 1-30-1 所示。

表 1-30-1　　　　　10kV 电力线路导线之间交叉或接近距离

项　目	线路电压（kV）	≤1	10	35～110	220	500
最小垂直距离（m）	10	2	2	3	4	8.5
	0.4	1	2	3	4	8.5
最小水平距离（m）	10	2.5	2.5	5	7	13
	0.4					

【1-31　施工质量问题】　弓子线安装不规范

（1）问题描述。中压线路上，弓子线的对地安装距离小于 200mm。

（2）问题照片及规范做法分别如图 1-31-1 和图 1-31-2 所示。

图 1-31-1　问题照片

图 1-31-2　规范做法

（3）违反的标准（规范）条款。国网北京市电力公司的《配电网施工工艺及验收规范》第 6.2.8.8 条交叉跨越和接近："（8）弓子线对邻相导线及对地（拉线、横担、电杆）的净空距离，不应小于下表所列数值"，标准中表如表1-31-1 所示。

表 1-31-1　　　　弓子线对邻相导线及对地的净空距离　　　　　　　　mm

线路电压等级		弓子线至邻相导线	弓子线对地
中压线路	裸绞线	300	200
	绝缘线	300	200
低压线路	裸绞线	150	100
	绝缘线	150	100

【1-32 施工质量问题】 弧垂不一致

（1）问题描述。同一个耐张段内，架空线路三相导线弧垂不一致。

（2）问题照片及规范做法分别如图1-32-1和图1-32-2所示。

（3）违反的标准（规范）条款。国网北京市电力公司的《配电网施工工艺及验收规范》第6.2.8.6条紧线："（3）导线紧好后，弧垂的误差不应超过设计弧垂的±5%。在一个耐张段内各相导线的弧垂宜一致"。

图1-32-1 问题照片

图1-32-2 规范做法

【1-33 施工质量问题】 导线弧垂不规范

（1）问题描述。导线架设档距为50m、温度为10℃时，JKLYJ/QN-240绝缘导线弧垂大于503mm。

（2）问题照片及规范做法分别如图1-33-1和图1-33-2所示。

图1-33-1 问题照片

图1-33-2 规范做法

（3）违反的标准（规范）条款。国网北京市电力公司的《配电网施工工艺及验收规范》中表 F.40　10kV 铝芯交联聚乙烯薄型绝缘线弧垂表（标准中表如表 1-33-1 所示）。

表 1-33-1　　　　　　　10kV 铝芯交联聚乙烯薄型绝缘线弧垂表

挡距 （m）	弧　　垂（m）						
	−20℃	−10℃	0	10℃	20℃	30℃	40℃
30	0.083	0.109	0.155	0.227	0.315	0.400	0.477
40	0.147	0.192	0.261	0.356	0.463	0.567	0.663
50	0.229	0.294	0.387	0.503	0.627	0.749	0.862
60	0.330	0.417	0.531	0.666	0.807	0.944	1.073
70	0.450	0.558	0.693	0.846	1.002	1.154	1.298
80	0.587	0.717	0.872	1.041	1.212	1.377	1.535
90	0.743	0.895	1.068	1.252	1.436	1.615	1.786
100	0.918	1.089	1.279	1.477	1.675	1.866	2.049

【1-34　施工质量问题】　导线固定不规范

（1）问题描述。10kV 架空导线在柱式绝缘子上绑扎时，未按照规范采用双十字顶扎法绑扎牢固。

（2）问题照片及规范做法分别如图 1-34-1 和图 1-34-2 所示。

图 1-34-1　问题照片

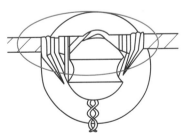
图 1-34-2　规范做法

（3）违反的标准（规范）条款。国网北京市电力公司的《配电网施工工艺

及验收规范》第 6.2.8.7 条导线固定（2）导线在直线杆柱式绝缘子、针式绝缘子上固定："2）导线固定采用绑扎法，10kV 线路采用双十字绑扎法，0.4kV 线路采用单十字绑扎法"。

1.6 接 户 线

【1‑35 施工质量问题】 接户引下线安装不规范

（1）问题描述。线夹压接平行接户线，引下线直线段排列松弛，接户线端部线夹未进行绝缘封闭。

（2）问题照片及规范做法分别如图 1‑35‑1 和图 1‑35‑2 所示。

图 1‑35‑1　问题照片　　　　　　　图 1‑35‑2　规范做法

（3）违反的标准（规范）条款。国网北京市电力公司的《配电网施工工艺及验收规范》第 6.2.11.13 条："自电杆上引下的 0.4kV 接户线，应使用蝶式绝缘子或绝缘悬挂线夹固定，不宜缠绕在 0.4kV 针式绝缘子瓶脖或导线上"。

【1‑36 施工质量问题】 接户零线安装不规范

（1）问题描述。两户居民零线接入一个接户线夹会导致零线断线，发生用户设备烧毁现象。

（2）问题照片及规范做法分别如图 1-36-1 和图 1-36-2 所示。

图 1-36-1 问题照片　　　　　　　　图 1-36-2 规范做法

（3）违反的标准（规范）条款。国网北京市电力公司的《配电网施工工艺及验收规范》第 6.2.11.12 条："一棵电杆上有两户及以上接户线时，各户接户线的零线应直接接在线路的主干线零线上（或独自接户线夹上）"。

【1-37 施工质量问题】 接户线相线安装不规范

（1）问题描述。一基电杆接多根 0.4kV 低压接户线，且集中接在一相或两相的相线上，会导致三相负荷分配不均、变压器损耗增加和零序电流增大。

（2）问题照片及规范做法分别如图 1-37-1 和图 1-37-2 所示。

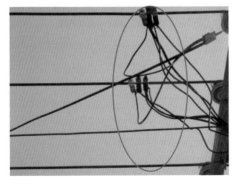

图 1-37-1 问题照片　　　　　　　　图 1-37-2 规范做法

（3）违反的标准（规范）条款。国网北京市电力公司的《配电网施工工艺

及验收规范》第6.2.11.4条："城镇地区从一基电杆上以飞线引下的0.4kV接户线一般不超过3户，否则应采用电缆引下、电表箱分接"。

1.7 标 识

【1-38 施工质量问题】 未安装杆号牌

(1) 问题描述。新立电杆未及时安装杆号牌。

(2) 问题照片及规范做法分别如图1-38-1和图1-38-2所示。

(3) 违反的标准（规范）条款。国网北京市电力公司的《配电网施工工艺及验收规范》第6.5.2.1条："架空线路所有杆塔必须悬挂路名、杆号牌，路名、杆号牌可采取分体也可以采取整体形式；路名、杆号牌的字迹应清晰不易脱落，应能防腐，挂装应牢固"。

图1-38-1 问题照片　　　　　图1-38-2 规范做法

【1-39 施工质量问题】 杆号牌高度不规范

(1) 问题描述。电杆杆号牌悬挂高度小于4.5m。

(2) 问题照片及规范做法分别如图1-39-1和图1-39-2所示。

(3) 违反的标准（规范）条款。国网北京市电力公司的《配电网施工工艺及验收规范》第6.5.2.2条："架空线路路名牌需要体现线路色标，路名、杆号牌需准确清晰，悬挂位置不小于4.5m"。

图 1-39-1　问题照片

图 1-39-2　规范做法

【1-40　施工质量问题】　电杆未粘贴防撞警示贴

(1) 问题描述。电杆组立于道路边，垒砌防撞台，未粘贴防撞警示贴。

(2) 问题照片及规范做法分别如图 1-40-1 和图 1-40-2 所示。

图 1-40-1　问题照片

图 1-40-2　规范做法

(3) 违反的标准（规范）条款。国网北京市电力公司的《配电网施工工艺及验收规范》第 6.5.6 条："防撞标示贴、防撞警示贴采用聚氯乙烯（PVC）材料制作，并添加抗老化剂，表面可防粘贴小广告，黄色色标为 C5、M5、Y90、K5。尺寸为：1150mm×500mm。防撞警示贴粘贴于电线杆距地面 1m 位置处"。

1.8 绝 缘 防 护

【1－41 施工质量问题】 导线绝缘防护不规范

（1）问题描述。架空导线挂地线后，绝缘未恢复。

（2）问题照片及规范做法分别如图1－41－1和图1－41－2所示。

图1－41－1 问题照片　　　　　　　图1－41－2 规范做法

（3）违反的标准（规范）条款。国网北京市电力公司的《配电网施工工艺及验收规范》第6.2.8.2条导线损伤处理（5）绝缘层的损伤处理："3）每损伤达到1mm厚度绝缘层，应包缠两层，修补后自粘带的厚度应大于绝缘层的损伤深度"。

1.9 接 地 装 置

【1－42 施工质量问题】 接地装置接续不规范

（1）问题描述。JKTRYJ－35mm²交联聚乙烯铜芯接地引下线与接地圆钢连接未使用并沟线夹。

（2）问题照片及规范做法分别如图1－42－1和图1－42－2所示。

（3）违反的标准（规范）条款。国网北京市电力公司的《配电网施工工艺及验收规范》第6.2.10.2条接地："（8）接地引下线与接地体引线应在距地

2.5m处用并沟线夹连接，接地引线应从抱箍、横担、槽钢、螺栓形成的缝隙中垂直敷设，不得扭曲，每隔1.5m与电杆固定，用直径2mm铁线绑扎一圈"。

图1-42-1 问题照片

图1-42-2 规范做法

【1-43 施工质量问题】 接地引下线敷设不规范

（1）问题描述。接地引下线未采用JKTRYJ-35mm²交联聚乙烯铜芯接地引下线在高5m处与接地圆钢用并沟线夹连接，且未沿电杆垂直敷设，以及每隔1.5m均匀绑扎固定。

（2）问题照片及规范做法分别如图1-43-1和图1-43-2所示。

图1-43-1 问题照片

图1-43-2 规范做法

（3）违反的标准（规范）条款。国网北京市电力公司的《配电网施工工艺及验收规范》第 6.2.10.2 条接地："（8）接地引下线与接地体引线应在距地 2.5m 处用并沟线夹连接，接地引线应从抱箍、横担、槽钢、螺栓形成的缝隙中垂直敷设，不得扭曲，每隔 1.5m 与电杆固定，用直径 2mm 铁线绑扎一圈"。

【1－44　施工质量问题】　接地圆钢与端子焊接不规范

（1）问题描述。内嵌接地电杆底部接地圆钢引线与端子的搭焊长度小于 48mm。

（2）问题照片及规范做法分别如图 1－44－1 和图 1－44－2 所示。

图 1－44－1　问题照片　　　　　　　　图 1－44－2　规范做法

（3）违反的标准（规范）条款。国网北京市电力公司的《配电网施工工艺及验收规范》第 6.2.10.2 条接地："（6）接地棒（俗称地线钎子）一般采用直径 20mm、长 2m 圆钢，焊接直径 8mm 圆钢引线（搭接长度应为其直径的 6 倍，双面施焊），热镀锌处理"。

2 柱上变压器台区

2.1 变 压 器

【2-1 设计质量问题】 变压器安装高度不规范

(1) 问题描述。变压器安装于两根 10m 副杆上,因园林化改造导致变压器台下地坪升高,变压器槽钢对地高度约 1.7m(小于 2.5m),设计人员未对变压器进行改造迁移或现状高度抬高。

(2) 问题照片及规范做法分别如图 2-1-1 和图 2-1-2 所示。

图 2-1-1 问题照片

图 2-1-2 规范做法

(3) 违反的标准(规范)条款。国网北京市电力公司的《配电网施工工艺及验收规范》第 6.2.9.1 条变台安装:"(3) 紧凑式变台副杆埋深在设计未做规定时,一般土质地区为 2m;变台槽钢对地高度一般 3m,受条件限制时最低不应小于 2.5m"。

31

【2-2 设计质量问题】 低压导线设计细节不到位

(1) 问题描述。台区变压器副杆为终端杆，低压导线跨变压器主杆，设计人员未考虑低压导线走向问题。

(2) 问题照片与规范做法分别如图 2-2-1 和图 2-2-2 所示。

图 2-2-1 问题照片

图 2-2-2 规范做法

(3) 违反的标准（规范）条款。《国网北京市电力公司配电网工程典型设计——线路分册》中图 14-9/1 改造项目大母式柱上变压器安装（Ⅰ型配电箱熔断器低位安装），该图如图 2-2-3 所示。

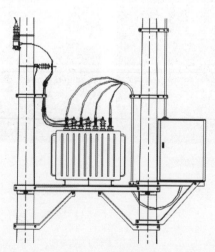

图 2-2-3 改造项目大母式柱上变压器安装（Ⅰ型配电箱熔断器低位安装）

【2-3 施工质量问题】 变压器安装不规范

（1）问题描述。半母式柱上变压器主杆上安装有用户分界负荷开关和馈线终端，不符合典型设计要求。

（2）问题照片及规范做法分别如图2-3-1和图2-3-2所示。

图2-3-1 问题照片　　　　　图2-3-2 规范做法

（3）违反的标准（规范）条款。国网北京市电力公司的《配电网施工工艺及验收规范》第6.2.9.1条变台安装（1）变台应设于负荷中心附近，且便于安装、更换和检修。下列电杆不宜装设变台："3）设有线路开关设备的电杆"。

【2-4 施工质量问题】 变压器固定不规范

（1）问题描述。柱上变压器未采用角钢（∟63×63×6）与变压器本体槽钢用螺栓夹固在承重槽钢上。

（2）问题照片及规范做法分别如图2-4-1和图2-4-2所示。

（3）违反的标准（规范）条款。国网北京市电力公司的《配电网建设改造相关技术标准》："二、柱上配电变压器采用∟63×63×6角钢与变压器本体槽钢螺栓夹固方式，固定于承重槽钢上，不再采用变压器上部围栏方式固定"。

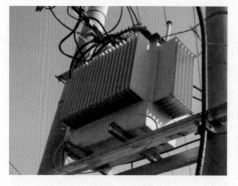

图 2-4-1 问题照片　　　　　　　　图 2-4-2 规范做法

【2-5 施工质量问题】 变压器主杆封堵失效

（1）问题描述。变压器主杆顶端破损、露筋，加速钢筋腐蚀，使杆顶封堵失效。

（2）问题照片及规范做法分别如图 2-5-1 和图 2-5-2 所示。

（3）违反的标准（规范）条款。国网北京市电力公司的《配电网施工工艺及验收规范》第 5.3.12.1 条普通环形钢筋混凝土电杆："（1）表面光洁平整，壁厚均匀，无露筋、漏浆、掉块等现象；（2）电杆杆顶应封堵"。

图 2-5-1 问题照片　　　　　　　　图 2-5-2 规范做法

【2-6　施工质量问题】　变压器低压侧端子未进行绝缘防护

（1）问题描述。变压器低压侧未安装端子绝缘护罩。

（2）问题照片及规范做法分别如图2-6-1和图2-6-2所示。

图2-6-1　问题照片　　　　　　　图2-6-2　规范做法

（3）违反的标准（规范）条款。国网北京市电力公司的《配电网施工工艺及验收规范》第6.2.9.1条变台安装："（9）变压器高、低压接线端子应配置有绝缘护罩，安装完好"。

【2-7　施工质量问题】　变压器外壳接地方式不规范

（1）问题描述。变压器外壳接地线串至变压器中性点接线端后接地，未直接接地。

（2）问题照片及规范做法分别如图2-7-1和图2-7-2所示。

（3）违反的标准（规范）条款。国网北京市电力公司的《配电网施工工艺及验收规范》第6.2.9.1条变台安装："（11）对于10kV系统中性点经低电阻接地系统的、接地网为独立的紧凑式变压器台区，0.4kV侧中性点工作接地与副杆中部接地螺母连接并引出绝缘导线顺线路至5m外地线钎子接地，变压器外壳接地、避雷器横担接地、肘型插头铜屏蔽层和外屏蔽接地线连在一起通过内嵌地线主杆中部接地螺母与地线钎子接地"。

图2-7-1 问题照片　　　　　　图2-7-2 规范做法

【2-8 施工质量问题】 变压器外壳未接地

（1）问题描述。变压器外壳未装设接地线，外壳未接地。

（2）问题照片及规范做法分别如图2-8-1和图2-8-2所示。

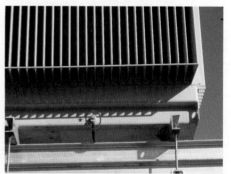

图2-8-1 问题照片　　　　　　图2-8-2 规范做法

（3）违反标准（规范）条款。国网北京市电力公司的《配电网施工工艺及验收规范》第6.2.10.2条接地："（1）下列设备必须有良好的接地：2）变压器外壳"。

【2-9 施工质量问题】 变压器中性点接地线不规范

（1）问题描述。紧凑式变压器台，中性点引出接地线老化，未更换为截面积 70mm² 的低压铜芯交联聚乙烯绝缘线。

（2）问题照片及规范做法分别如图 2-9-1 和图 2-9-2 所示。

 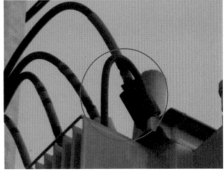

图 2-9-1 问题照片   图 2-9-2 规范做法

（3）违反的标准（规范）条款。国网北京市电力公司的《配电网施工工艺及验收规范》第 6.2.9.1 条变台安装（6）变台 0.4kV 引线安装："6）零线引出工作接地线一律使用截面积 70mm² 的 0.4kV 铜芯交联聚乙烯绝缘线"。

【2-10 施工质量问题】 变压器接地线敷设不规范

（1）问题描述。紧凑式变压器台，10kV 柔性电缆屏蔽线、金具接地线、变压器外壳接地线均接在变压器零线端子上，再与接地装置连接，工作接地与保护接地未分开敷设。

（2）问题照片及规范做法分别如图 2-10-1 和图 2-10-2 所示。

（3）违反标准（规范）条款。国网北京市电力公司的《配电网施工工艺及验收规范》第 6.2.9.1 条变台安装："（10）对于 10kV 系统中性点不接地或经消弧线圈接地系统的紧凑型变台，0.4kV 侧中性点与副杆中部接地螺母连接，变压器外壳接地、避雷器横担接地、肘型插头屏蔽接地线连在一起与主杆中部接地螺母连接，主副杆中部接地螺母之间使用绝缘引线连接。主副杆底部接地螺母分别与地线钎子连接。（11）对于 10kV 系统中性点经低电阻接地系统的

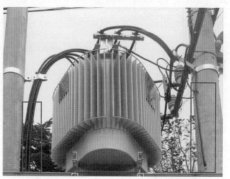

图 2-10-1 问题照片 图 2-10-2 规范做法

紧凑型变台，低压侧中性点工作接地与副杆中部接地螺母连接并引出绝缘导线顺线路至 5m 外地线钎子接地，变压器外壳接地、避雷器横担接地、肘型插头铜屏蔽层和外屏蔽接地线连在一起通过内嵌地线主杆中部接地螺母与地线钎子接地"。

【2-11 施工质量问题】 变压器接地线材质选用错误

（1）问题描述。变压器中性点引出工作接地线使用 0.4kV 的铝芯绝缘线，接地线并沟压接铝线部位已氧化腐蚀，接触不良。

（2）问题照片及规范做法分别如图 2-11-1 和图 2-11-2 所示。

图 2-11-1 问题照片 图 2-11-2 规范做法

（3）违反标准（规范）条款。国网北京市电力公司的《配电网施工工艺及验收规范》第6.2.10.2条接地："（7）接地引下线应使用截面不小于35mm²的铜芯绝缘线"。

【2－12　施工质量问题】　变压器警示标志不规范

（1）问题描述。变压器安装后投入运行，未悬挂"禁止攀登　高压危险"警示牌。

（2）问题照片及规范做法分别如图2－12－1和图2－12－2所示。

图2－12－1　问题照片　　　　　　图2－12－2　规范做法

（3）违反的标准（规范）条款。国网北京市电力公司的《配电网施工工艺及验收规范》第6.2.9.1条（12）变压器投入运行应具备以下条件："6）变压器悬挂或喷涂有'高压危险、禁止攀登'警告标志"。

【2－13　施工质量问题】　变压器台区无位号牌

（1）问题描述。紧凑式变压器台在改造时，未安装位号牌。

（2）问题照片及规范做法分别如图2－13－1和图2－13－2所示。

（3）违反的标准（规范）条款。国网北京市电力公司的《配电网施工工艺及验收规范》第6.5.2.3条："柱上变压器需安装变压器位号牌，并安装安全警示标识；位号牌安装位置为距线路最近的变压器副杆上变压器围栏下方，单杆背变压器位号牌安装在变压器下方，位号牌的字迹应清晰不易脱落，应能防腐，挂装应牢固"。

图 2-13-1　问题照片　　　　　　　图 2-13-2　规范做法

2.2　熔　断　器

【2-14　施工质量问题】　熔断器熔丝配置不规范

（1）问题描述。A 相跌落式熔断器熔丝安装在熔管外侧，采用铁丝代替，规格与变压器一次额定电流不匹配。

（2）问题照片及规范做法分别如图 2-14-1 和图 2-14-2 所示。

图 2-14-1　问题照片　　　　　　　图 2-14-2　规范做法

（3）违反标准（规范）条款。国网北京市电力公司的《配电网施工工艺及验收规范》第6.2.9.5条10kV熔断器安装（2）跌落式熔断器安装："4）熔丝规格正确，熔丝两端压紧、弹力适中，无拧伤、克断现象"。

【2－15 施工质量问题】 熔断器引线压接不规范

（1）问题描述。紧凑式变压器台上的10kV跌落式熔断器引线均未压接端子，连接不可靠。

（2）问题照片及规范做法分别如图2－15－1和图2－15－2所示。

图2－15－1 问题照片　　　　　图2－15－2 规范做法

（3）违反标准（规范）条款。国网北京市电力公司的《配电网施工工艺及验收规范》第6.2.9.5条10kV熔断器安装（2）跌落式熔断器安装："3）上、下引线应紧固"。

《建筑电气工程施工质量验收规范》第17.2.2条："导线与设备或器具的连接应符合下列规定：

1. 截面面积在10mm^{2}及以下的单股铜芯线和单股铝/铝合金芯线可直接与设备或器具的端子连接。

2. 截面面积在2.5mm^{2}及以下的多芯铜芯线应接续端子或拧紧搪锡后再与设备或器具的端子连接。

3. 截面面积大于2.5mm^{2}的多芯铜芯线，除设备自带插接式端子外，应接续端子后与设备或器具的端子连接；多芯铜芯线与插接式端子连接前，端部应拧紧搪锡"。

【2-16 施工质量问题】 熔断器护罩安装不规范

(1) 问题描述。紧凑式变压器台上的跌落式熔断器绝缘护罩未安装完好，绝缘未完全封闭。

(2) 问题照片及规范做法分别如图 2-16-1 和图 2-16-2 所示。

图 2-16-1 问题照片　　　　　　图 2-16-2 规范做法

(3) 违反标准（规范）条款。国网北京市电力公司的《配电网建设改造相关技术标准》第 3.1.1 条主要原则："(1) 按照多分段、多联络改造线路及故障多发线路为优先的原则，对 A+、A 及 B 区域全部线路进行全绝缘化改造。以线路为单位，重点进行变台全密封、线路防雷、承力电杆改造、电缆分支箱、针式绝缘子设备"。

2.3　10kV　电　缆

【2-17 物资质量问题】 电缆固定抱箍不牢固

(1) 问题描述。低压进出线电缆固定抱箍与电缆直径不匹配，电缆固定不牢固。

(2) 问题照片及规范做法分别如图 2-17-1 和图 2-17-2 所示。

(3) 违反的标准（规范）条款。国网北京市电力公司的《配电网施工工艺及验收规范》第 6.3.4.3 条电缆固定 (3) 悬吊方式："9) 抱箍应根据电缆截面选用，抱箍内径可按下列公式计算。$R=(电缆外径+15)/2(mm)$"。

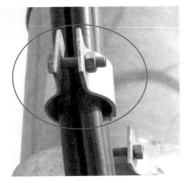

图 2-17-1　问题照片　　　　　　　图 2-17-2　规范做法

【2-18　施工质量问题】　10kV 电缆对地安全距离不足

（1）问题描述。按照紧凑式变压器台的安装方式，10kV 柔性互绞电缆与导线接续，电缆头线芯与梭型担距离不足 200mm。

（2）问题照片及规范做法分别如图 2-18-1 和图 2-18-2 所示。

图 2-18-1　问题照片　　　　　　　图 2-18-2　规范做法

（3）违反的标准（规范）条款。国网北京市电力公司的《配电网施工工艺及验收规范》附录 C 中表 C.2　导线架设分项工程质量检验评定表规定线间及对地距离 10kV 绝缘线对地距离不小于 200mm。

【2-19 施工质量问题】 10kV电缆终端伞裙倒置

(1) 问题描述。10kV电缆终端伞裙倒置，易积尘、积水，发生污闪。

(2) 问题照片及规范做法分别如图2-19-1和图2-19-2所示。

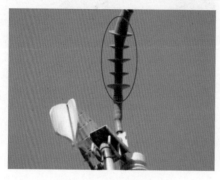

图2-19-1 问题照片　　　　图2-19-2 规范做法

(3) 违反的标准（规范）条款。国网北京市电力公司的《配电网施工工艺及验收规范》第6.2.9.1条变台安装："(5) 三相变台10kV引线均采用互绞电缆引线，互绞引线伞裙方向应正确，起到防雨、防污作用"。

【2-20 施工质量问题】 10kV电缆水平敷设固定不规范

(1) 问题描述。紧凑式变压器台电缆未采用挂钩均匀固定或绝缘线绑扎，未预留防水弯，不符合典型设计要求。

(2) 问题照片及规范做法分别如图2-20-1和图2-20-2所示。

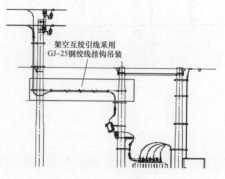

图2-20-1 问题照片　　　　图2-20-2 规范做法

（3）违反的标准（规范）条款。《国网北京市电力公司配电网工程典型设计——线路分册》中图 14-9/1 改造项目大母式变压器安装图（Ⅰ型配电箱熔断器低位安装），该图如图 2-20-3 所示。

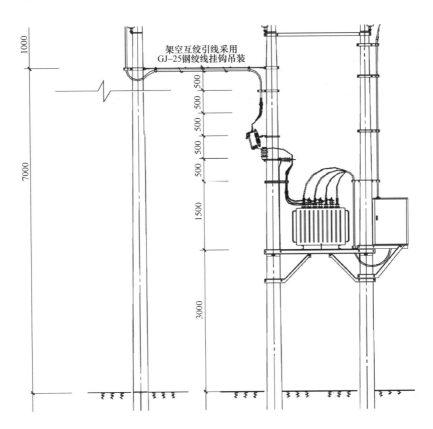

架空互绞引线采用
GJ-25钢绞线挂钩吊装

图 2-20-3　改造项目大母式变压器安装图（Ⅰ型配电箱熔断器低位安装）

【2-21　施工质量问题】　10kV 电缆水平敷设高度不足

（1）问题描述。大母式变压器上的熔断器、避雷器安装在主杆上，既不符合典型设计要求，并且高压电缆沿主杆向下至水平敷设段，电缆距地面高度小于 7m。

（2）问题照片及规范做法分别如图 2-21-1 和图 2-21-2 所示。

图 2-21-1　问题照片　　　　　　　　图 2-21-2　规范做法

（3）违反的标准（规范）条款。《国网北京市电力公司配电网工程典型设计——线路分册》图 14-9/1 改造项目大母式变压器安装图（Ⅰ型配电箱熔断器低位安装），该图如图 2-20-3 所示。

【2-22　施工质量问题】　10kV 电缆垂直敷设不规范

（1）问题描述。紧凑式变压器台上的 10kV 柔性互绞电缆沿杆敷设，未按照典型设计要求每隔 1000mm 采用电缆抱箍均匀固定。

（2）问题照片及规范做法分别如图 2-22-1 和图 2-22-2 所示。

图 2-22-1　问题照片　　　　　　　　图 2-22-2　规范做法

（3）违反的标准（规范）条款。《国网北京市电力公司配电网典型设计——线路分册》图 14-4 紧凑式柱上变压器安装图（Ⅱ型配电箱熔断器低位安装）（BT4-15-Ⅰ），该图如图 2-22-3 所示。

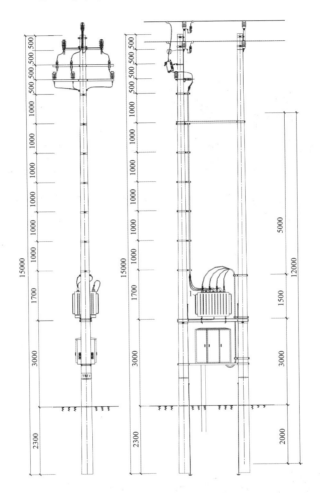

图 2-22-3　紧凑式柱上变压器安装图（Ⅱ型配电箱熔断器低位安装）（BT4-15-Ⅰ）

【2-23　施工质量问题】　10kV 电缆终端头敷设不规范

（1）问题描述。紧凑式变压器台上的高压一次电缆，由高压磁头至主杆未做到电缆终端头水平自然敷设，易损伤电缆终端。

（2）问题照片及规范做法分别如图 2-23-1 和图 2-23-2 所示。

（3）违反的标准（规范）条款。国网北京市电力公司的《配电网施工工艺

及验收规范》第6.3.4.2条安装要求："(1) 电缆终端和接头应采取加强绝缘、密封防潮、机械保护等措施。10kV电力电缆的终端和接头，应有改善电缆屏蔽端部电场集中的有效措施，并应确保外绝缘相间和对地距离"。

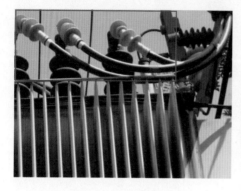 

图2-23-1 问题照片　　　　　　　图2-23-2 规范做法

【2-24 施工质量问题】 10kV电缆屏蔽线接地不规范

(1) 问题描述。变压器一次肘型头护罩屏蔽线、10kV支柱式避雷器下端口柔性互绞电缆屏蔽线均未包缠绝缘。

(2) 问题照片及规范做法。变压器接地方式分别如图2-24-1和图2-24-2所示。

 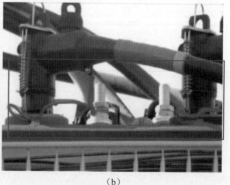

(a)　　　　　　　　　　　　　(b)

图2-24-1 变压器一次磁头屏蔽线接地方式

(a) 问题照片；(b) 规范做法

（a） （b）

图 2-24-2 变压器一次柔性互绞电缆屏蔽线接地方式

（a）问题照片；（b）规范做法

（3）违反标准（规范）条款。国网北京市电力公司的《配电网施工工艺及验收规范》第 6.2.9.1 条变台安装（5）变台 10kV 引线安装："1）三相变台 10kV 引线均采用互绞电缆引线，互绞引线伞裙方向应正确，起到防雨、防污作用。互绞电缆接地线从上部终端铜屏蔽层引出，应与接地线连接牢固"。

【2-25 施工质量问题】 裸铝绞线未更换

（1）问题描述。改造紧凑式变压器台后，10kV 裸铝绞线未改造、更换，隔离开关未拆除。

（2）问题照片及规范做法分别如图 2-25-1 和图 2-25-2 所示。

图 2-25-1 问题照片 图 2-25-2 规范做法

（3）违反的标准（规范）条款。《国网北京市电力公司配电网建设改造原则》第3.1.1条主要原则："（1）按照多分段、多联络改造线路及故障多发线路为优先的原则，对A+、A及B区域全部线路进行全绝缘化改造"。

2.4 接 地 装 置

【2-26 施工质量问题】 接地装置未更换

（1）问题描述。紧凑式变压器台上的变压器副杆接地装置老旧，未更换。

（2）问题照片及规范做法分别如图2-26-1和图2-26-2所示。

图2-26-1 问题照片　　　　　　图2-26-2 规范做法

（3）违反标准（规范）条款。《国网北京市电力公司配电网建设改造原则》第3.1.2.2条防雷设备："（4）避雷器及10kV柱上设备接地引下线丢失的一律改造为35mm²铜芯交联聚乙烯绝缘线，在距地面5m以上的位置与直径8mm圆钢引线连接，并用接地圆形护管（2.5m）保护"。

【2-27 施工质量问题】 接地装置敷设不规范

（1）问题描述。电杆内嵌电杆螺母未设置于变压器台内侧，导致接地圆钢和接地引下线未能垂直敷设。

（2）问题照片及规范做法分别如图2-27-1和图2-27-2所示。

图 2-27-1 问题照片　　　　　　　　图 2-27-2 规范做法

（3）违反标准（规范）条款。国网北京市电力公司的《配电网施工工艺及验收规范》第 6.2.9.1 条变台安装："（11）对于 10kV 系统中性点经低电阻接地系统的紧凑型变台，低压侧中性点工作接地与副杆中部接地螺母连接并引出绝缘导线顺线路至 5m 外地线钎子接地，变压器外壳接地、避雷器横担接地、肘型插头铜屏蔽层和外屏蔽接地线连在一起通过内嵌地线主杆中部接地螺母与地线钎子接地"。

【2-28　施工质量问题】　接地引下线压接位置不规范

（1）问题描述。新装变压器接地引下线压接位置错误，未在电杆中部与内嵌接地螺母可靠连接。

（2）问题照片及规范做法分别如图 2-28-1 和图 2-28-2 所示。

图 2-28-1　问题照片　　　　　　　　图 2-28-2　规范做法

（3）违反的标准（规范）条款。国网北京市电力公司的《配电网施工工艺及验收规范》第6.2.10.2条接地："（9）10kV线路设备保护及防雷接地在电杆上部、中部与内嵌接地螺母连接；地线钎子在电杆底部与内嵌接地螺母连接"。

2.5 螺 栓 配 置

【2-29 施工质量问题】 双螺母未配置

（1）问题描述。新建紧凑式变压器台上的变压器支撑槽钢紧固螺杆未配置双螺母。

（2）问题照片及规范做法分别如图2-29-1和图2-29-2所示。

图2-29-1 问题照片 　　　　　　图2-29-2 规范做法

（3）违反的标准（规范）条款。国网北京市电力公司的《配电网施工工艺及验收规范》第6.2.4.12条螺栓配置："（2）受拉力的螺栓应带双螺母"。

【2-30 施工质量问题】 螺栓长度不足

（1）问题描述。紧凑式变压器台上的变压器支撑槽钢螺栓长度不足，拧入螺母后未露出螺纹（即丝扣）。

（2）问题照片及规范做法分别如图2-30-1和图2-30-2所示。

图 2-30-1　问题照片　　　　　　　图 2-30-2　规范做法

（3）违反的标准（规范）条款。国网北京市电力公司的《配电网施工工艺及验收规范》第6.2.4.12条螺栓配置："（1）螺杆丝扣露出长度，单螺母不应少于两个螺距，双螺母至少露出一个螺距"。

3 低压综合配电箱

3.1 箱 体

【3-1 施工质量问题】 低压综合配电箱安装不规范

(1) 问题描述。Ⅰ型低压综合配电箱未安装在变压器支撑槽钢上,槽钢多出部分未进行处理,不满足典型设计要求。

(2) 问题照片及规范做法分别如图 3-1-1 和图 3-1-2 所示。

(3) 违反的标准(规范)条款。《国网北京市电力公司配电网工程典型设计——线路分册》图 14-2 紧凑型柱上变压器安装图(Ⅰ型配电箱熔断器低位安装)(BT2-15-Ⅰ)。

图 3-1-1 问题照片

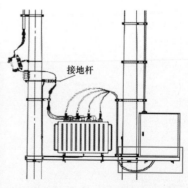

图 3-1-2 规范做法

【3-2 施工质量问题】 低压综合配电箱固定不规范

(1) 问题描述。低压综合配电箱支撑槽钢的长度不足,未能完全托牢底部,且未使用两根角钢与支撑槽钢形成框架式结构进行夹固。

(2) 问题照片及规范做法分别如图3-2-1和图3-2-2所示。

图3-2-1 问题照片　　　　　　　图3-2-2 规范做法

(3) 违反的标准(规范)条款。国网北京市电力公司的《配电网施工工艺及验收规范》第6.2.9.9条低压综合配电箱安装:"(1) 箱体无严重划痕、无损伤、变形等,箱体固定牢固"。

【3-3 施工质量问题】 低压综合配电箱紧固件安装不规范

(1) 问题描述。新装的低压综合配电箱采用角钢支撑、固定,支撑角钢及本体固定角钢现场配开孔,焊渣未清理,如图3-3-1(a)所示,未进行防腐处理开孔不规则,如图3-3-1(b)所示。本体固定螺栓已锈蚀,紧固螺母未加装平垫如图3-3-2(a)所示;支撑角钢螺杆由于长度不足,采用两根搭焊使用如图3-3-2(b)所示。

(2) 问题照片及规范做法分别如图3-3-1~图3-3-3所示。

(3) 违反的标准(规范)条款。国网北京市电力公司的《配电网施工工艺及验收规范》第6.2.4.10条:"不得采用现场切割、焊接拼装横担、抱箍方式,不得破坏横担、抱箍的镀锌层"。

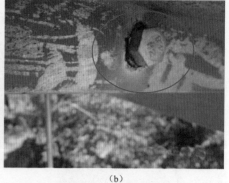

（a）　　　　　　　　　　　　　　（b）

图3-3-1　支撑角钢配开孔问题照片

（a）焊渣未处理；（b）配开孔不规则

（a）　　　　　　　　　　　　　　（b）

图3-3-2　紧固螺杆问题照片

（a）螺栓锈蚀；（b）焊接螺杆

图3-3-3　规范做法

【3-4 施工质量问题】 低压综合配电箱固定支架安装不规范

（1）问题描述。低压综合配电箱未按典型设计要求固定于变压器台主、副杆之间的槽钢或角钢中部，且低压综合配电箱安装高度小于1.2m。

（2）问题照片及规范做法分别如图3-4-1和图3-4-2所示。

（3）违反的标准（规范）条款。《国网北京市电力公司配电网工程典型设计——线路分册》图14-4紧凑式柱上变压器安装图（Ⅱ型配电箱熔断器低位安装）（BT4-15-Ⅰ），该图如图3-4-3所示。

图3-4-1 问题照片　　　　　　图3-4-2 规范做法

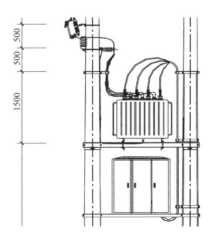

图3-4-3 紧凑式柱上变压器安装图（Ⅱ型配电箱熔断器低位安装）（BT4-15-Ⅰ）

【3-5 施工质量问题】 低压综合配电箱安装高度不足

（1）问题描述。低压综合配电箱对地距离不满足典型设计要求的1.2m。

（2）问题照片及规范做法分别如图3-5-1和图3-5-2所示。

图3-5-1 问题照片

图3-5-2 规范做法

（3）违反的标准（规范）条款。《国网北京市电力公司配电网工程典型设计——线路分册》第14.4.1条10kV柱上变压器："（2）Ⅱ型装于变压器下侧，其下端距地面1.2m"。

3.2 金　具

【3-6 施工质量问题】 低压横担安装不规范

（1）问题描述。低压线路横担安装在变压器台副杆熔断器横担上方，从低压综合配电箱开关引出负荷电缆沿熔断器上方连接至架空导线，未配合停电将低压横担移到另一基副杆上。

（2）问题照片及规范做法分别如图3-6-1和图3-6-2所示。

（3）违反的标准（规范）条款。国网北京市电力公司的《配电网施工工艺及验收规范》第3.1.1条主要原则："（6）线路防外力水平提升改造，重点进行跨路、对地距离不够、道路路口存在安全隐患、交通外力多发、存在其他外力隐患的电杆改造"。

图 3-6-1 问题照片

图 3-6-2 规范做法

3.3 电流互感器

【3-7 施工质量问题】 电流互感器安装不规范

(1) 问题描述。计量监测电流互感器（TA）悬挂在变压器二次磁头上，未移入低压综合配电箱内，且 TA 二次线布置杂乱。

(2) 问题照片及规范做法分别如图 3-7-1 和图 3-7-2 所示。

图 3-7-1 问题照片

图 3-7-2 规范做法

(3) 违反的标准（规范）条款。《国网北京市电力公司配电网建设改造原则》第 3.1.1 条主要原则："（1）按照多分段、多联络改造线路及故障多发线路为优先的原则,对A+、A及B区域全部线路进行全绝缘化改造。以线路为单位,重点进行变台全密封、线路防雷、承力电杆改造、电缆分支箱、针式绝缘子设备,取消柱上隔离开关,加装用户负荷分界开关,同步建设光纤网,实现自动化功能"。

【3-8 施工质量问题】 电流互感器固定不规范

(1) 问题描述。台区计量室的电流互感器未固定在支架上,安装不牢固。

(2) 问题照片及规范做法分别如图 3-8-1 和图 3-8-2 所示。

(3) 违反的标准(规范)条款。国网北京市电力公司的《配电网施工工艺及验收规范》第6.1.12.1条:"电流互感器安装在负荷柜电缆出线侧,宜采用扎带固定在电缆上"。

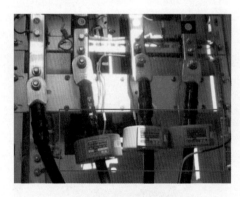

图 3-8-1 问题照片

图 3-8-2 规范做法

3.4 低 压 电 缆

【3-9 施工质量问题】 低压电缆敷设不规范

(1) 问题描述。由低压综合配电箱低压磁头引出电缆,绝缘剥皮后未加装延长护管,且引线布置混乱。

(2) 问题照片及规范做法分别如图 3-9-1 和图 3-9-2 所示。

(3) 违反的标准(规范)条款。国网北京市电力公司的《配电网施工工艺及验收规范》第6.3.5.2条0.4kV电缆终端头制作："(3)电缆终端采用分支手套,分支手套应尽可能向电缆头根部拉近,过渡应自然、弧度一致,分支手套、延长护管及电缆终端等应与电缆接触紧密。"

图3-9-1 问题照片　　　　　　图3-9-2 规范做法

【3-10 施工质量问题】 低压电缆至架空线路敷设不规范

(1)问题描述。低压综合配电箱引上电缆先接低压隔离开关,再与架空导线连接。

(2)问题照片及规范做法分别如图3-10-1和图3-10-2所示。

图3-10-1 问题照片　　　　　　图3-10-2 规范做法

(3)违反的标准(规范)条款。《国网北京市电力公司配电网建设改造原则》第 6.2.9.5 条："对 A＋、A 及 B 区域全部线路进行全绝缘化改造，以线路为单位，重点进行变台全密封、线路防雷、承力电杆改造、电缆分支箱、针式绝缘子设备，取消柱上隔离开关，加装用户负荷分界开关，同步建设光纤网，实现自动化功能。"

【3‑11　施工质量问题】 低压电缆弯曲半径不规范

(1) 问题描述。低压综合配电箱低压电缆接入柜体开关，电缆弯曲半径小于 20D（D 为电缆直径），电缆外绝缘皮破裂，且箱体底部断裂未封堵。

(2) 问题照片及规范做法分别如图 3‑11‑1 和图 3‑11‑2 所示。

图 3‑11‑1　问题照片　　　　　　图 3‑11‑2　规范做法

(3) 违反的标准（规范）条款。国网北京市电力公司的《配电网施工工艺及验收规范》第 6.3.3.1 条一般规定中表 21 电缆最小弯曲半径（标准中表见表 3‑11‑1）。

表 3‑11‑1　　　　　　　　　　电缆最小弯曲半径

项　目	10kV 及以下的电缆			
	单芯电缆		三芯电缆	
	无铠装	有铠装	无铠装	有铠装
敷设时	20D	15D	15D	12D
运行时	15D	12D	12D	10D

注1："D"成品电缆标称外径。
注2：非本表范围电缆的最小弯曲半径按制造提供的技术资料的规定。

【3-12 施工质量问题】 直埋电缆敷设不规范

(1) 问题描述。低压电缆敷设路径通过直埋方式引至电杆与导线连接，电缆隐蔽未覆盖保护板。

(2) 问题照片及规范做法分别如图 3-12-1 和图 3-12-2 所示。

图 3-12-1 问题照片

图 3-12-2 规范做法

(3) 违反的标准（规范）条款。国网北京市电力公司的《配电网施工工艺及验收规范》第 6.3.3.2 条直埋电缆的敷设："（2）电缆埋置深度应符合下列要求：1) 电缆表面距地面的距离不应小于 0.7m。(5) 直埋电缆的上、下部应铺以不小于 100mm 厚的软土或砂层，软土或砂子中不应有石块或其他硬质杂物，并加盖保护板，其覆盖宽度应超过电缆两侧各 50mm，保护板采用混凝土盖板，盖板上方加装直埋电缆警示带，高度约在 350mm"。

【3-13 施工质量问题】 低压电缆固定不牢

(1) 问题描述。低压电缆由变压器磁头沿电杆敷设进入低压综合配电箱，低压电缆固定未使用三道抱箍将其固定牢固。

(2) 问题照片及规范做法分别如图 3-13-1 和图 3-13-2 所示。

(3) 违反的标准（规范）条款。《国网北京市电力公司配电网工程典型设计——线路分册》图 14-4 紧凑式柱上变压器安装图（Ⅱ型配电箱熔断器低位安装）（BT4-15-Ⅰ），该图如图 3-13-3 所示。

图 3-13-1　问题照片　　　　　　　图 3-13-2　规范做法

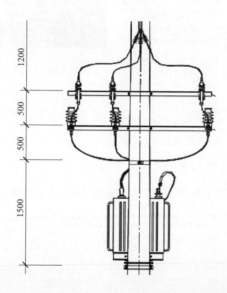

图 3-13-3　紧凑式柱上变压器安装图（Ⅱ型配电箱熔断器低位安装）（BT4-15-Ⅰ）

【3-14　施工质量问题】　电缆护管处理不规范

（1）问题描述。低压综合配电箱出线电缆保护管管口未做喇叭口及打磨毛刺处理，且未进行封堵。

（2）问题照片及规范做法分别如图 3-14-1 和图 3-14-2 所示。

图 3-14-1　问题照片

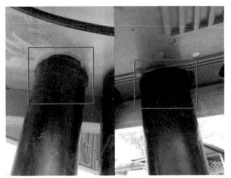

图 3-14-2　规范做法

（3）违反的标准（规范）条款。国网北京市电力公司的《配电网施工工艺及验收规范》第 6.3.3.1 条："一般规定（17）电缆进入电缆沟、隧道、竖井、建筑物、盘（柜）以及穿入管子时，出入口应封闭，管口应密封"。

【3-15　施工质量问题】　出线电缆接线不规范

（1）问题描述。紧凑式变压器台，低压综合配电箱内开关出线三相电缆为铜芯电缆，接线未压端子。

（2）问题照片及规范做法分别如图 3-15-1 和图 3-15-2 所示。

图 3-15-1　问题照片

图 3-15-2　规范做法

（3）违反的标准（规范）条款。国网北京市电力公司的《配电网施工工艺及验收规范》第6.3.5.2条0.4kV电缆终端头制作："（4）选用浇铸式接线端子，应采用压接钳进行压接，压接工艺符合规范要求，铜线端子应镀锡"。

【3-16 施工质量问题】 低压电缆端子固定不规范

（1）问题描述。低压综合配电箱开关出线压接电缆终端头，端子压接面孔径大于引线螺杆孔径，连接螺栓一侧平垫圈规格与端子孔径不匹配，压接面不够。

（2）问题照片及规范做法分别如图3-16-1和图3-16-2所示。

图3-16-1 问题照片

图3-16-2 规范做法

（3）违反的标准（规范）条款。国网北京市电力公司的《配电网施工工艺及验收规范》附录B中表B-13二次回路检查及接线分项工程质量检验评定表规定控制电缆接线，紧固件配置齐全且导线截面相匹配。

【3-17 施工质量问题】 用户电缆接线位置不规范

（1）问题描述。低压综合配电箱接线时，用户电缆接在进线电源侧，未从低压综合配电箱开关出线侧接线，无法计量。

（2）问题照片及规范做法分别如图3-17-1和图3-17-2所示。

（3）违反的标准（规范）条款。《国网北京市电力公司配电网典型设计——线路分册》图 14-4 紧凑式柱上变压器安装图（Ⅱ型配电箱熔断器低位安装）（BT4-15-Ⅰ），该图如图 3-17-3 所示。

图 3-17-1　问题照片

图 3-17-2　规范做法

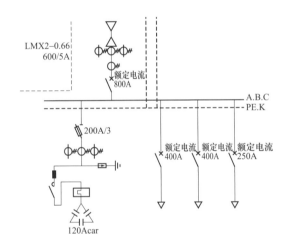

图 3-17-3　紧凑式柱上变压器安装图（Ⅱ型配电箱熔断器低位安装）（BT4-15-Ⅰ）

3.5　控制（二次）电缆

【3-18　施工质量问题】　台区表接线不规范

（1）问题描述。台区表接线和导线敷设未做到横平竖直、整齐、牢固、美观，电流互感器控制电缆与接线盒之间未绑扎成束。

（2）问题照片及规范做法分别如图 3-18-1 和图 3-18-2 所示。

图 3-18-1　问题照片

图 3-18-2　规范做法

（3）违反的标准（规范）条款。国网北京市电力公司的《配电网施工工艺及验收规范》第 6.4.2.2 条控制（二次）电缆的接线："（4）电缆接线可分为两种接线方式。向外侧分线，然后向内回旋接入端子排，保证外侧弯曲弧度的整齐一致；向端子排侧分线，做成横向 S 弯后接入端子排，保证外侧弯曲弧度的整齐一致"。

【3-19　施工质量问题】　控制电源线布控不规范

（1）问题描述。低压综合配电箱内电能表引出控制线至端子排电源线，布控方式影响表盘门开启。

（2）问题照片及规范做法分别如图 3-19-1 和图 3-19-2 所示。

图 3-19-1　问题照片

图 3-19-2　规范做法

（3）违反的标准（规范）条款。国网北京市电力公司的《配电网施工工艺及验收规范》第7.1.7.9条用于连接门上的电器、控制台板的可动部位的导线上应符合下列要求："（1）可动部位两端应用卡具固定"。

【3-20 施工质量问题】 采集终端模块接线错误

（1）问题描述。采集终端模块未固定且接线未分层，交叉混乱。

（2）问题照片及规范做法分别如图3-20-1和图3-20-2所示。

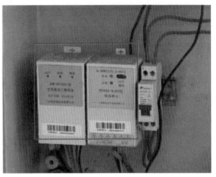

图3-20-1 问题照片   图3-20-2 规范做法

（3）违反的标准（规范）条款。国网北京市电力公司的《配电网施工工艺及验收规范》第6.4.2.2条控制（二次）电缆的接线："（2）电缆接线前，应先进行电缆芯线的查线，并在电缆芯线端头穿上电缆号头。"

【3-21 施工质量问题】 台区表与采集器连接线不规范

（1）问题描述。低压综合配电箱内电能表接线端子接出护套线至光电综合箱电源线，电缆口未包缠绝缘，布控方式未沿箱体一侧固定且挂标示牌。

（2）问题照片及规范做法分别如图3-21-1和图3-21-2所示。

（3）违反的标准（规范）条款。国网北京市电力公司的《配电网施工工艺及验收规范》第6.4.2.1条控制（二次）电缆敷设："（1）合理布置电缆轴的位置，直径相近的电缆应尽可能布置在同一层。电缆绑扎应牢固，在接线后不应使端子排受机械应力"。

图 3-21-1 问题照片

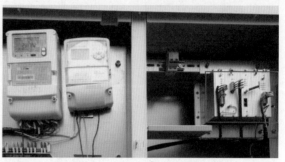
图 3-21-2 规范做法

3.6 绝 缘 防 护

【3-22 施工质量问题】 电缆终端头防护不规范

(1) 问题描述。低压综合配电箱开关出线电缆未采用分支手套，终端头制作未采用分支手套，且无防潮措施。

(2) 问题照片及规范做法分别如图 3-22-1 和图 3-22-2 所示。

图 3-22-1 问题照片

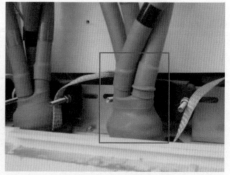
图 3-22-2 规范做法

(3) 违反的标准（规范）条款。国网北京市电力公司的《配电网施工工艺及验收规范》第6.3.5.2条0.4kV电缆终端头制作（1）严格按照电缆附件的制作要求制作电缆终端："3）电缆终端采用分支手套，分支手套应尽可能向电缆头根部拉近，过渡应自然、弧度一致，分支手套、延长护管及电缆终端等应与电缆接触紧密"。

【3‑23 施工质量问题】 电缆线芯绝缘不规范

（1）问题描述。台区低压综合配电箱进线电缆线芯采用冷缩绝缘，冷缩管破损，且无相色标志。

（2）问题照片及规范做法分别如图3‑23‑1和图3‑23‑2所示。

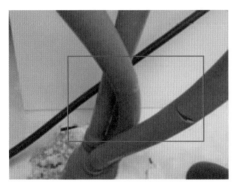

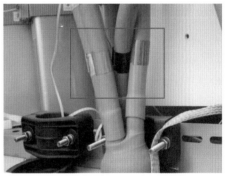

图3‑23‑1 问题照片

图3‑23‑2 规范做法

（图中冷缩管采用三种相色标志）

（3）违反的标准（规范）条款。国网北京市电力公司的《配电网施工工艺及验收规范》第6.3.4.2条安装要求："（3）交联聚乙烯绝缘电缆在制作终端头和接头时，应彻底清除半导电屏蔽层。屏蔽层剥除时不得损伤绝缘表面，屏蔽端部应平整，绝缘层到屏蔽层的过渡应平滑，尽量减少绝缘表面毛刺及划痕，保持电缆绝缘表面光滑"。

【3‑24 施工质量问题】 电缆绝缘防护不规范

（1）问题描述。低压综合配电箱进线电缆线芯绝缘剥除部位未采用延长护管进行绝缘防护，且端子处未使用带相位色的热缩管区分相色。

（2）问题照片及规范做法分别如图3－24－1和图3－24－2所示。

图3－24－1　问题照片　　　　　　　　图3－24－2　规范做法

（3）违反的标准（规范）条款。国网北京市电力公司的《配电网施工工艺及验收规范》第6.3.5.2条0.4kV电缆终端头制作："（3）电缆终端采用分支手套，分支手套应尽可能向电缆头根部拉近，过渡应自然、弧度一致，分支手套、延长护管及电缆终端等应与电缆接触紧密"。

【3－25　施工质量问题】　电缆孔洞未封堵

（1）问题描述。低压综合配电箱进出电缆孔洞未采用防火封堵材料进行封堵。

（2）问题照片及规范做法分别如图3－25－1和图3－25－2所示。

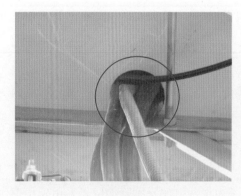

图3－25－1　问题照片　　　　　　　　图3－25－2　规范做法

（3）违反的标准（规范）条款。国网北京市电力公司的《配电网施工工艺及验收规范》第6.2.9.9条0.4kV综控箱安装："（3）0.4kV电缆引入孔封堵严密"。

3.7 螺 栓 配 置

【3-26 施工质量问题】 长孔螺栓固定不可靠

（1）问题描述。低压综合配电箱固定支架螺栓未配置双螺母，未加装平垫，且螺杆拧入螺母后露出的长度小于1～2个螺距（具体情况依螺母是单螺母还是双螺母而定），固定不可靠。

（2）问题照片及规范做法分别如图3-26-1和图3-26-2所示。

（3）违反的标准（规范）条款。国网北京市电力公司的《配电网施工工艺及验收规范》第6.2.4.12条螺栓配置："（1）螺杆丝扣露出长度，单螺母不应少于两个螺距，双螺母至少露出一个螺距；（2）受拉力的螺栓应带双螺母；（3）长孔必须加平垫圈（含变台），每端不超过两个，不得在螺栓上缠绕铁线代替垫圈；（4）螺母应拧紧"。

图3-26-1　问题照片　　　　　　图3-26-2　规范做法

4 柱 上 开 关

4.1 柱 上 负 荷 开 关

【4-1 物资质量问题】 柱上负荷开关外壳接地不规范

(1) 问题描述。柱上负荷开关接地线由下端穿入,固定螺栓从侧面进行压紧,接地线穿入孔内壁喷附有一层漆膜,开关未有效接地。

(2) 问题照片及规范做法分别如图4-1-1和图4-1-2所示。

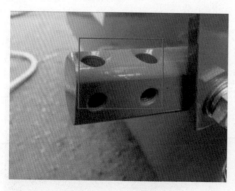

图4-1-1 问题照片

图4-1-2 规范做法

(3) 违反的标准(规范)条款。国网北京市电力公司的《配电网施工工艺及验收规范》第6.2.10.2条接地:"(1)下列设备必须有良好的接地3)柱上开关(负荷开关、重合器)外壳"。

【4-2 施工质量问题】 方型横担安装不规范

(1) 问题描述。柱上负荷开关杆上的方形横担抱箍与电杆梢径不匹配,安装于开关与电压互感器之间,不符合典型设计要求。

(2) 问题照片及规范做法分别如图 4-2-1 和图 4-2-2 所示。

图 4-2-1 问题照片　　　　　　　　　图 4-2-2 规范做法

(3) 违反的标准(规范)条款。国网北京市电力公司的《配电网施工工艺及验收规范》第 6.2.4.8 条:"安装方型横担,应与电杆梢径配套,固定牢固。"

【4-3 施工质量问题】 开关横担配置不规范

(1) 问题描述。柱上分界负荷开关的横担、角担、角铁未按照典型设计配置。

(2) 问题照片及规范做法分别如图 4-3-1 和图 4-3-2 所示。

图 4-3-1 问题照片　　　　　　　　　图 4-3-2 规范做法

（3）违反的标准（规范）条款。《国网北京市电力公司配电网工程典型设计——线路分册》图 10-1 耐张杆柱上真空负荷开关混凝土电杆安装图（NK1-15-Ⅰ），该图如图 4-3-3 所示。

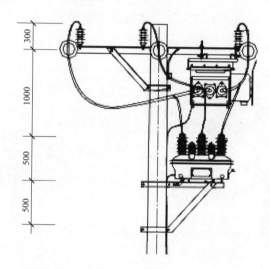

图 4-3-3　耐张杆柱上真空负荷开关混凝土电杆安装图（NK1-15-Ⅰ）

【4-4　施工质量问题】　引线连接不规范

（1）问题描述。真空负荷开关引线连接引流线未使用线夹。

（2）问题照片及规范做法分别如图 4-4-1 和图 4-4-2 所示。

图 4-4-1　问题照片

图 4-4-2　规范做法

（3）违反的标准（规范）条款。国网北京市电力公司的《配电网施工工艺及验收规范》第 6.2.8.4 条（1）下："1）0.4kV、10kV 架空线路裸铝绞线、绝缘铝绞线、钢芯铝绞线、绝缘钢芯铝绞线的弓子线接续应采用永久型线夹。"

【4-5 施工质量问题】 控制电缆固定不规范

（1）问题描述。柱上真空负荷开关控制电缆未绑扎固定，易导致航空插头脱落，无法实现自动化。

（2）问题照片及规范做法分别如图 4-5-1 和图 4-5-2 所示。

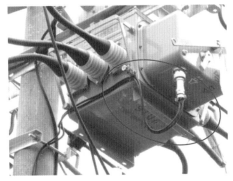

图 4-5-1 问题照片　　　　　　　　图 4-5-2 规范做法

（3）违反的标准（规范）条款。国网北京市电力公司的《配电网施工工艺及验收规范》第 6.2.9.2 条柱上负荷开关安装（2）柱上真空负荷开关自动化装置安装 1）馈线终端："f）应用航空插头作为开关及自动化终端的控制电缆连接件，航空插头连接应紧密、牢固"。

【4-6 施工质量问题】 外壳接地不规范

（1）问题描述。柱上真空负荷开关外壳接地线串联避雷器后接地，未直接与接地装置连接，接地不可靠。

（2）问题照片及规范做法分别如图 4-6-1 和图 4-6-2 所示。

图 4-6-1 问题照片 图 4-6-2 规范做法

（3）违反的标准（规范）条款。国网北京市电力公司的《配电网施工工艺及验收规范》第 6.2.9.2 条柱上负荷开关安装（1）柱上负荷开关本体安装："4）开关外壳应可靠接地"。

【4-7 施工质量问题】 负荷开关操作杆与悬式绝缘子的安全距离不足

（1）问题描述。真空分界负荷开关操动机构的分合操作杆距离悬式绝缘子小于 50mm。

（2）问题照片及规范做法分别如图 4-7-1 和图 4-7-2 所示。

图 4-7-1 问题照片 图 4-7-2 规范做法

（3）违反的标准（规范）条款。国网北京市电力公司的《配电网施工工艺及验收规范》第7.2.3.3条："安装悬式、蝴蝶式绝缘子与电杆、横担及金具无卡压现象，悬式绝缘子裙边与带电部位的间隙不应小于50mm"。

【4-8 施工质量问题】 负荷开关操作杆碰触悬式绝缘子

（1）问题描述。柱上分界负荷开关操作杆碰触悬式绝缘子，影响开关的分合闸动作。

（2）问题照片及规范做法分别如图4-8-1和图4-8-2所示。

图4-8-1 问题照片

图4-8-2 规范做法

（3）违反的标准（规范）条款。国网北京市电力公司的《配电网施工工艺及验收规范》第6.2.9.3条柱上分界负荷开关安装："3）避免操作杆碰触悬式绝缘子"。

【4-9 施工质量问题】 负荷开关安装方向错误

（1）问题描述。柱上负荷开关分合闸操作面及指示面未朝向道路侧。

（2）问题照片及规范做法分别如图4-9-1和图4-9-2所示。

（3）违反的标准（规范）条款。国网北京市电力公司的《配电网施工工艺及验收规范》第6.2.9.2条柱上负荷开关安装（1）柱上负荷开关本体安装："6）开关分合闸操作面及指示面应朝向道路侧"。

图 4-9-1　问题照片　　　　　　　　图 4-9-2　规范做法

【4-10　施工质量问题】　调度号牌安装不规范

（1）问题描述。柱上分段联络开关杆上调度号牌的安装高度小于 5m，原则上应安装在馈线终端装置（FTU）与 TV 之间。

（2）问题照片及规范做法分别如图 4-10-1 和图 4-10-2 所示。

图 4-10-1　问题照片　　　　　　图 4-10-2　规范做法

（3）违反的标准（规范）条款。国网北京市电力公司的《配电网施工工艺及验收规范》第 6.5.2.5 条："柱上负荷开关需安装开关调度号牌，编号原则依据各公司调度编号原则编制，号牌安装位置应距地面 5m，原则上位于 FTU 与 TV 之间；调度号牌的字迹应清晰不易脱落，应能防腐，挂装应牢固"。

4.2 柱 上 断 路 器

【4-11 施工质量问题】 断路器瓷头防护不规范

（1）问题描述。柱上断路器本体与电缆引线连接未加装绝缘护罩。

（2）问题照片及规范做法分别如图4-11-1和图4-11-2所示。

图4-11-1 问题照片　　　　　　　　图4-11-2 规范做法

（3）违反的标准（规范）条款。国网北京市电力公司的《10千伏架空线路柱上断路器建设运维相关补充条款说明》第4.2.2条本体安装要求："（4）开关本体与线路主导线间使用引线连接时，开关本体安装前开关本体与引线连接应在地面提前连接牢固，并按要求进行绝缘处理"。

【4-12 施工质量问题】 外壳接地线连接不规范

（1）问题描述。柱上断路器外壳接地线未压接端子，且铜线未压接在两个平垫之间，压接不实。

（2）问题照片及规范做法分别如图4-12-1和图4-12-2所示。

（3）违反的标准（规范）条款。国网北京市电力公司的《配电网施工工艺及验收规范》第6.2.9.2条柱上分界负荷开关安装（1）柱上真空负荷开关本体安装："4）开关外壳应可靠接地"。

图 4 - 12 - 1　问题照片　　　　　　　　图 4 - 12 - 2　规范做法

【4 - 13　施工质量问题】　外壳接地方式不规范

（1）问题描述。柱上断路器外壳接地线连接至避雷器接地端，再与接地装置连接，接地不可靠。

（2）问题照片及规范做法分别如图 4 - 13 - 1 和图 4 - 13 - 2 所示。

图 4 - 13 - 1　问题照片　　　　　　　　图 4 - 13 - 2　规范做法

（3）违反的标准（规范）条款。国网北京市电力公司的《配电网施工工艺及验收规范》第 6.2.9.2 条柱上分界负荷开关安装（1）柱上真空负荷开关本体安装："4）开关外壳应可靠接地"。

4.3　柱上电压互感器

【4-14　施工质量问题】　柱上电压互感器固定不规范

(1) 问题描述。柱上电压互感器底座安装在角担上，采用扁铁连板固定，固定不规范。

(2) 问题照片及规范做法分别如图 4-14-1 和图 4-14-2 所示。

图 4-14-1　问题照片　　　　　　　图 4-14-2　规范做法

(3) 违反的标准（规范）条款。《国网北京市电力公司配电网工程典型设计——线路分册》图 10-1 耐张杆柱上真空负荷开关混凝土电杆（自动化无熔断器）安装图（NK1-15-I），该图如图 4-14-3 所示。

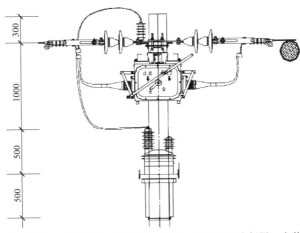

图 4-14-3　耐张杆柱上真空负荷开关混凝土电杆（自动化无熔断器）安装图（NK1-15-I）

【4-15　施工质量问题】　柱上电压互感器安装不规范

（1）问题描述。柱上电压互感器的安装位置错误，未安装于柱上开关下方，且底座未采用独立支架进行安装固定。

（2）问题照片及规范做法分别如图4-15-1和图4-15-2所示。

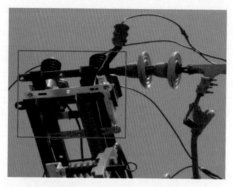

图4-15-1　问题照片

图4-15-2　规范做法

（3）违反的标准（规范）条款。国网北京市电力公司的《配电网施工工艺及验收规范》第6.2.9.2条柱上负荷开关安装（2）柱上真空负荷开关自动化装置安装1）馈线终端："i）TV宜采用独立支架固定，安装于柱上开关下方"。

【4-16　施工质量问题】　二次控制线防护不规范

（1）问题描述。电压互感器二次控制线未加装护管或采用护层线进行防护，外绝缘层老化。

（2）问题照片及规范做法分别如图4-16-1和图4-16-2所示。

（3）违反的标准（规范）条款。国网北京市电力公司的《配电网施工工艺及验收规范》第6.2.9.2条柱上负荷开关安装（2）柱上真空负荷开关自动化装置安装1）馈线终端："k）采取有效的绝缘措施，防止蓄电池等交直流电源设备短路；l）严格检查TV二次接线，防止短路"。

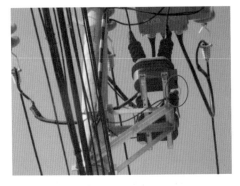

图 4-16-1 问题照片   图 4-16-2 规范做法

【4-17 施工质量问题】 引线端子防护不规范

（1）问题描述。电压互感器引线端子未采用自固化防水绝缘包材或未安装绝缘护罩进行绝缘处理。

（2）问题照片及规范做法分别如图 4-17-1 和图 4-17-2 所示。

图 4-17-1 问题照片   图 4-17-2 规范做法

（3）违反的标准（规范）条款。国网北京市电力公司的《10 千伏架空线路柱上断路器建设运维相关补充条款说明》第 4.2.3 条电压互感器（TV）的安装："（5）TV 端子处的导体裸露点，应采用自固化防水绝缘包材或绝缘护罩予以绝缘处理"。

【4-18 施工质量问题】 引线选型错误

（1）问题描述。电压互感器引线未选用截面积不小于 35mm² 的 JKTRYJ 软铜芯交联聚乙烯绝缘线。

（2）问题照片及规范做法分别如图 4-18-1 和图 4-18-2 所示。

图 4-18-1　问题照片

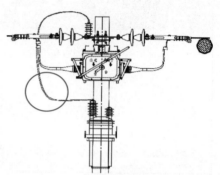

图 4-18-2　规范做法

（3）违反的标准（规范）条款。国网北京市电力公司的《10 千伏架空线路柱上断路器建设运维相关补充条款说明》第 4.2.3 条电压互感器（TV）的安装："（3）电压互感器 10kV 引线应选用截面面积不小于 35mm² 的软铜芯交联聚乙烯绝缘线，不安装 10kV 熔断器"。

【4-19 施工质量问题】 引线连接不规范

（1）问题描述。柱上电压互感器上引线压接在主导线上，未与引流线连接，不满足典型设计要求。

（2）问题照片及规范做法分别如图 4-19-1 和图 4-19-2 所示。

（3）违反的标准（规范）条款。《国网北京市电力公司配电网工程典型设计——线路分册》图 10-1 耐张杆柱上真空负荷开关混凝土电杆（自动化无熔断器）安装图（NK1-15-Ⅰ），该图如图 4-19-2 所示。

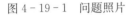

图 4 - 19 - 1　问题照片

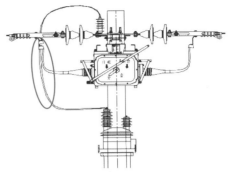

图 4 - 19 - 2　规范做法

【4 - 20　施工质量问题】　引线固定不牢

（1）问题描述。两组电压互感器引线过长，未通过安装柱式绝缘子固定牢固，未按照典型设计要求安装。

（2）问题照片及规范做法分别如图 4 - 20 - 1 和图 4 - 20 - 2 所示。

（3）违反的标准（规范）条款。《国网北京市电力公司配电网工程典型设计——线路分册》图 10 - 1 耐张柱上真空负荷开关混凝土电杆（自动化无熔断器）安装图（NK1 - 15 - Ⅰ），该图如图 4 - 20 - 2 所示。

图 4 - 20 - 1　问题照片

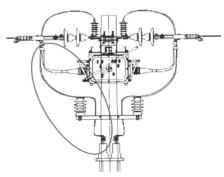

图 4 - 20 - 2　规范做法

4.4 馈线终端（FTU）

【4-21 施工质量问题】 FTU固定不牢

（1）问题描述。FTU未使用U形抱箍与电杆固定，且与电杆直径不匹配，固定不牢固。

（2）问题照片及规范做法分别如图4-21-1和图4-21-2所示。

图4-21-1 问题照片

图4-21-2 规范做法

（3）违反的标准（规范）条款。国网北京市电力公司的《配电网施工工艺及验收规范》第6.2.9.2条柱上负荷开关安装（2）柱上真空负荷开关自动化装置安装。1）馈线终端："c）U形抱箍应牢固地锁紧在电线杆上，支撑馈线终端的横担应有足够的支撑力，馈线终端固定螺栓应紧紧锁在横担上，馈线终端竖直正立安装，垂直度偏差小于等于1%"。

【4-22 施工质量问题】 FTU安装高度不足

（1）问题描述。FTU安装高度小于5.5m。

（2）问题照片及规范做法分别如图4-22-1和图4-22-2所示。

（3）违反的标准（规范）条款。国网北京市电力公司的《配电网施工工艺及验收规范》第6.2.9.2条柱上负荷开关安装（2）柱上真空负荷开关自动化装置安装1）馈线终端："i）道路两侧的馈线终端宜安装在靠近道路侧，按馈线终端底部距离地面 5.5m 的高度安装固定"。

图 4 - 22 - 1　问题照片　　　　　　　　图 4 - 22 - 2　规范做法

【4 - 23　施工质量问题】　二次控制电缆标志不明

（1）问题描述。FTU 二次控制电缆两端未粘贴号码管，易造成控制信号混淆。

（2）问题照片及规范做法分别如图 4 - 23 - 1 和图 4 - 23 - 2 所示。

图 4 - 23 - 1　问题照片　　　　　　　　图 4 - 23 - 2　规范做法

（3）违反的标准（规范）条款。国网北京市电力公司的《配电网施工工艺及验收规范》第 6.2.9.2 条柱上负荷开关安装（2）柱上真空负荷开关自动化装置安装 1）馈线终端："m）控制电缆及二次回路整线对线时要注意察看电线表皮是否有破损，不得使用表皮破损的电线，每对完一根电线就应立即套上标有编号的号码管。控制电缆应有固定点，确保航空插头不受应力，引下线应有防水弯"。

【4-24 施工质量问题】 二次控制电缆防护不规范

（1）问题描述。FTU与柱上开关及电压互感器连接的二次控制电缆未加装半圆防踏护管。

（2）问题照片及规范做法分别如图4-24-1和图4-24-2所示。

图4-24-1 问题照片

图4-24-2 规范做法

（3）违反的标准（规范）条款。国网北京市电力公司的《配电网施工工艺及验收规范》第6.2.9.2条柱上负荷开关安装（2）柱上真空负荷开关自动化装置安装 1）馈线终端："n）一次开关与馈线终端的控制电缆、TV与馈线终端的控制电缆应穿管保护，并使用抱箍固定牢固"。

4.5 接 地 装 置

【4-25 施工质量问题】 接地棒埋深不足

（1）问题描述。柱上断路器开关杆，接地棒未埋入地下，接地棒与接地圆钢焊接点埋深小于0.6m。

（2）问题照片及规范做法分别如图4-25-1和图4-25-2所示。

图 4-25-1 问题照片　　　　　　图 4-25-2 规范做法

（3）违反的标准（规范）条款。国网北京市电力公司的《配电网施工工艺及验收规范》附录 B 表 B.7 屋外接地装置安装分项工程质量检验评定表中规定垂直接地体制作及敷设时接地体（顶面）埋深不小于 600mm。

【4-26 施工质量问题】 开关杆未接地

（1）问题描述。柱上分界开关杆上的接地圆钢未与电杆内嵌接地螺母连接，避雷器及开关设备未接地。

（2）问题照片及规范做法分别如图 4-26-1 和图 4-26-2 所示。

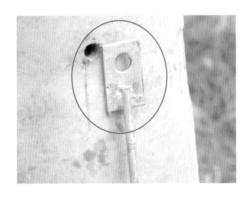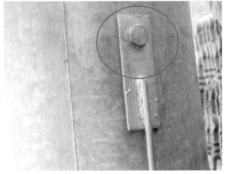

图 4-26-1 问题照片　　　　　　图 4-26-2 规范做法

（3）违反的标准（规范）条款。国网北京市电力公司的《配电网施工工艺及验收规范》第6.2.10.2条接地："（9）10kV线路设备保护及防雷接地在电杆上部、中部与内嵌接地螺母连接；地线钎子在电杆底部与内嵌接地螺母连接"。

【4－27 施工质量问题】 接地引下线敷设不规范

（1）问题描述。开关杆接地引下线未使用JKTRYJ－35交联聚乙烯铜芯接地引下线沿电杆垂直敷设，且未按要求每隔1.5m与电杆绑扎固定。

（2）问题照片及规范做法分别如图4－27－1和图4－27－2所示。

图4－27－1 问题照片　　　　　图4－27－2 规范做法

（3）违反的标准（规范）条款。国网北京市电力公司的《配电网施工工艺及验收规范》第6.2.10.2条接地："（8）接地引下线与接地体引线应在距地2.5m处用并沟线夹连接，接地引线应从抱箍、横担、槽钢、螺栓形成的缝隙中垂直敷设，不得扭曲，每隔1.5m与电杆固定，用直径2mm铁线绑扎一圈"。

【4－28 施工质量问题】 接地装置防护不规范

（1）问题描述。真空分界负荷开关杆接地装置未安装保护管。

（2）问题照片及规范做法分别如图4－28－1和图4－28－2所示。

（3）违反的标准（规范）条款。《国网北京市电力公司配电网建设改造原则》第3.1.2.2条："防雷设备避雷器及10kV柱上设备接地引下线丢失的一律改造为 35mm² 铜芯交联聚乙烯绝缘线，在距地面 5m 以上的位置与直径 8mm 圆钢引线连接，并用接地圆形护管（2.5m）保护"。

图 4-28-1　问题照片

图 4-28-2　规范做法

5 箱式变电站

5.1 基 础

【5-1 设计质量问题】 基础槽钢设计细节不到位

(1) 问题描述。扩展开闭器土建基础，扩展部分未预埋基础槽钢，外壳未坐落在基础槽钢上，底部与基础槽钢未固定、未与接地装置连接，外壳未高出地面 300～500mm（即未做好防水、防潮处理），外壳基础水平误差未保证在总误差的±5mm 范围内。不符合典型设计要求。

(2) 问题照片及规范做法分别如图 5-1-1 和图 5-1-2 所示。

图 5-1-1 问题照片

图 5-1-2 规范做法

(3) 违反的标准（规范）条款。国网北京市电力公司的《配电网施工工艺及验收规范》第 7.3.3.1 条："基础及预埋槽钢接地良好，符合设计要求。基础水平误差应保证在±1mm/m范围内，总误差在±5mm范围内。"

【5-2 施工质量问题】 基础高度不足

（1）问题描述。箱式变电站基础未砌筑防水基础台或防水基础台的高度小于300mm。

（2）问题照片及规范做法分别如图5-2-1和图5-2-2所示。

（a） （b）

图5-2-1 问题照片

（a）问题做法（一）；（b）问题做法（二）

 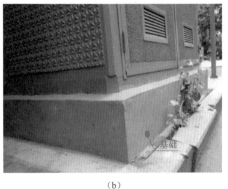

（a） （b）

图5-2-2 规范做法

（a）规范做法（一）；（b）规范做法（二）

（3）违反的标准（规范）条款。国网北京市电力公司的《配电网施工工艺及验收规范》第 6.3.7 条 10kV 环网单元："（2）环网单元基础高出地面一般为 300～500mm，电缆井深度应大于 1900mm。箱变、环网单元基础高出地面一般为 300～500mm"。

【5-3 施工质量问题】 基础槽钢未防腐

（1）问题描述。开闭器 DTU 柜、电压互感器柜基础槽钢未进行防锈处理，基础槽钢锈蚀。

（2）问题照片及规范做法分别如图 5-3-1 和图 5-3-2 所示。

图 5-3-1 问题照片　　　　　　　　图 5-3-2 规范做法

（3）违反的标准（规范）条款。国网北京市电力公司的《配电网施工工艺及验收规范》第 6.1.2.4 条："防腐处理：预埋铁件及支架刷防锈漆，涂漆前应将焊接药皮去除干净，漆层涂刷均匀，无露点，对于电缆固定支架焊接处应进行面漆补刷。位于湿热、盐雾以及有化学腐蚀地区时，应根据设计作特殊的防腐处理"。

5.2 二次仪表小室

【5-4 物资质量问题】 防凝露装置未设置

（1）问题描述。开闭器高压舱室内有凝露，新装二次仪表小室设备未设置防凝露装置。

（2）问题照片及规范做法分别如图5-4-1和图5-4-2所示。

图5-4-1　问题照片

图5-4-2　规范做法

（3）违反的标准（规范）条款。Q/GDW 11250—2014《10kV 环网柜选型技术原则和检测技术规范》第5.4.5条："环网柜应具有防污秽、防凝露功能，二次仪表小室内可安装温湿度控制器及加热装置"。

【5-5　物资质量问题】　二次控制电缆防护不规范

（1）问题描述。二次控制电缆穿孔部位未设置密封圈，未能防止小动物进出，同时对电缆起不到保护作用。

（2）问题照片及规范做法如图5-5-1和图5-5-2所示。

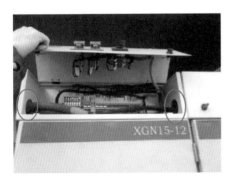

图5-5-1　问题照片

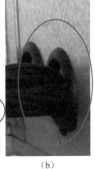

（a）　　　　　　　　　（b）

图5-5-2　规范做法
（a）远视图；（b）近视图

（3）违反的标准（规范）条款。Q/GDW 11250—2014《10kV 环网柜选型技术原则和检测技术规范》第 5.4.9 条："柜内进出线处应设置电缆固定支架、抱箍和密封圈"。

【5-6 物资质量问题】 二次仪表小室未设置底板

（1）问题描述。二次仪表小室未设置底板，导致二次控制电缆线芯与每路设备的电气安全距离不够，分、合开关时，二次线易磨损或绞线。

（2）问题照片及规范做法分别如图 5-6-1 和图 5-6-2 所示。

图 5-6-1 问题照片　　　　　　　　图 5-6-2 规范做法

（3）违反的标准（规范）条款。Q/GDW 11250—2014《10kV 环网柜选型技术原则和检测技术规范》第 5.4.1 条："环网柜应具有高压室和电缆室、控制仪表室与自动化单元等金属封闭的独立隔室"。

【5-7 物资质量问题】 标志缺失

（1）问题描述。二次仪表小室未粘贴供应商厂家标志。

（2）问题照片及规范做法分别如图 5-7-1 和图 5-7-2 所示。

（3）违反的标准（规范）条款。国网北京市电力公司的《配电网施工工艺及验收规范》第 6.5.1.2 条设备相关标示（2）开关柜标识："a）各种表计、继电器、压板和交直流保险，以及按钮、切换开关等，应在标签框内标明专用符号及名称，切换开关还应标明各切换位置名称"。

<table>
<tr><td>图 5-7-1　问题照片</td><td>图 5-7-2　规范做法</td></tr>
</table>

【5-8　物资质量问题】 二次仪表小室高度不足

（1）问题描述。二次仪表小室预留的空间高度仅为 20cm，控制电缆线芯很难压入端子，整体效果不美观。

（2）问题照片及规范做法分别如图 5-8-1 和图 5-8-2 所示。

<table>
<tr><td>图 5-8-1　问题照片</td><td>图 5-8-2　规范做法</td></tr>
</table>

（3）违反的标准（规范）条款。Q/GDW 11250—2014《10kV 环网柜选型技术原则和检测技术规范》第 5.4.2 条："各隔室结构设计上应满足正常使用条件和限制隔室内部电弧影响的要求，并能防止因本身缺陷、异常使用条件或误操作导致的电弧伤及工作人员，能限制电弧的燃烧范围，环网柜应有防止人

为造成内部故障的措施"。

5.3 站所终端（DTU）

【5-9 物资质量问题】 DTU柜门接地不规范

（1）问题描述。DTU外壳柜门未安装 2.5mm² 的软铜线保护接地线。

（2）问题照片及规范做法分别如图5-9-1和图5-9-2所示。

图5-9-1 问题照片   图5-9-2 规范做法

（3）违反的标准（规范）条款。Q/GDW 11250—2014《10kV环网柜选型技术原则和检测技术规范》第5.8.3条外壳的接地按DL/T 404相关规定，并作如下补充："c）环网柜、箱变门的铰链应采用加强型，门和框架的接地端子间应用截面积不小于2.5mm²的软铜线连接"。

【5-10 施工质量问题】 DTU柜安装不规范

（1）问题描述。DTU柜与基础槽钢焊接，未采用 φ12 螺栓以压盖方式固定。

（2）问题照片及规范做法分别如图5-10-1和图5-10-2所示。

（3）违反的标准（规范）条款。国网北京市电力公司的《配电网施工工艺及验收规范》第6.1.7.1条一般规定："（7）二次设备屏柜（端子箱）安装不适合打眼、套扣的方法稳装时，应采用在基础槽钢上预留螺栓，做压盖的方式固定，其螺栓应使用φ12mm螺栓"。

图5-10 1 问题照片 　　　　　图5-10-2 规范做法

【5-11 施工质量问题】 DTU柜体安装固定不牢固

（1）问题描述。DTU柜加装底部槽钢，底部槽钢与基础上的盖板焊接，基础上的盖板为厚度2mm的钢板，且承力点未落在基础槽钢上，致使DTU柜摇晃不稳。

（2）问题照片及规范做法分别如图5-11-1和图5-11-2所示。

图5-11-1 问题照片 　　　　　图5-11-2 规范做法

（3）违反的标准（规范）条款。国网北京市电力公司的《配电网施工工艺及验收规范》第6.1.7.1条一般规定："（1）屏柜（端子箱）与基础应固定可靠"。

5.4 接地装置

【5-12 物资质量问题】 柜门未接地

(1) 问题描述。箱式变电站外壳柜门未安装截面积 2.5mm² 的保护接地线，柜门未接地。

(2) 问题照片及规范做法分别如图 5-12-1 和图 5-12-2 所示。

 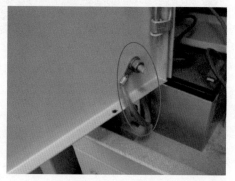

图 5-12-1 问题照片　　　　　　图 5-12-2 规范做法

(3) 违反的标准（规范）条款。国网北京市电力公司的《10kV 高压/低压预装箱式变电站选型技术原则和检测技术规范》第 6.2.5 条面板和门："d）门与柜架连接的接地线应不小于 2.5mm²"。

5.5 标　　识

【5-13 物资质量问题】 设备铭牌

(1) 问题描述。箱式变电站外壳无厂家生产铭牌。

(2) 问题照片及规范做法分别如图 5-13-1 和图 5-13-2 所示。

(3) 违反的标准（规范）条款。国网北京市电力公司的《10kV 箱式变电站选型技术原则和检测技术规范》第 8.3 条随机技术文件："b）箱式开关站铭牌或铭牌标志图，铭牌至少包括以下内容：产品名称、型号、出厂编号、参考标准、生产厂家、出厂时间、额定电压、额定最大容量、变压器额定容量、质量和尺寸"。

图 5 - 13 - 1　问题照片

(a)　　　　　　　(b)

图 5 - 13 - 2　规范做法

(a) 远视图；(b) 近视图

6 配 电 站 室

6.1 变 压 器

【6-1 施工质量问题】 变压器安装不规范

（1）问题描述。变压器本体槽钢与原装基础槽钢未采用焊接方式固定，变压器安装未采取抗震措施。

（2）问题照片及规范做法分别如图6-1-1和图6-1-2所示。

图6-1-1 问题照片

（3）违反的标准（规范）条款。国网北京市电力公司的《配电网施工工艺及验收规范》第6.1.5.1条变压器二次搬运及安装："（2）变压器安装。变压器的安装应采取抗震措施。稳装在混凝土地坪上的变压器安装见图2，有混凝土轨梁宽面推进的变压器安装见图3"。该图2如图6-1-2（a）所示，该图3如图6-1-2（b）所示。

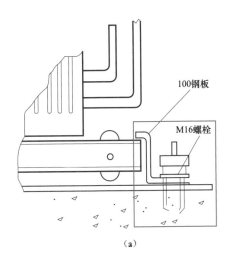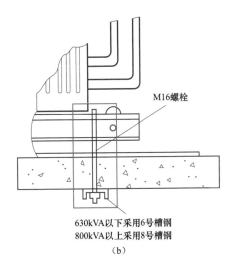

（a）　　　　　　　　　　　　　　（b）

图 6‐1‐2　规范做法

（a）变压器稳定安装在混凝土地坪上；（b）有混凝土轨梁宽面的变压器安装

6.2　电　　缆

【6‐2　施工质量问题】　电缆敷设方式不规范

（1）问题描述。环网柜与 DTU 柜之间的控制电缆敷设未从电缆夹层引进、引出，明敷设在配电室地面上，敷设方式不规范，且未配置防火槽盒进行防护。

（2）问题照片及规范做法分别如图 6‐2‐1 和图 6‐2‐2 所示。

图 6‐2‐1　问题照片　　　　　　　图 6‐2‐2　规范做法

（3）违反的标准（规范）条款。国网北京市电力公司的《配电网施工工艺及验收规范》第6.3.8.2条："电缆敷设采用穿管进入设备基础夹层敷设方式，并满足防火要求。在落地式（挂墙式）低压电缆分支箱下方及预埋管进出口采用无机堵料、有机堵料及防火涂料进行电缆防火封堵。进出线预埋管应采用柔性封堵材料逐个管孔两端进行封堵"。

【6-3 施工质量问题】 电缆防火保护不完备

（1）问题描述。由二次端子室至电缆室的控制电缆未配置阻燃型软管、金属软管或线槽进行全密封。

（2）问题照片及规范做法分别如图6-3-1和图6-3-2所示。

图6-3-1 问题照片　　　　　　　　　　图6-3-2 规范做法

（3）违反的标准（规范）条款。Q/GDW 11250—2014《10kV 环网柜选型技术原则和检测技术规范》第5.9.1条："环网柜内控制、电源、通信、接地等所有的二次线均用阻燃型软管或金属软管或线槽进行全密封，应采用塑料扎带固定，不允许采用粘贴方式固定"。

【6-4 施工质量问题】 电缆夹层敷设不规范

（1）问题描述。DTU控制电缆和电力电缆敷设在同一层支架上，强、弱电电缆未分开。

(2) 问题照片及规范做法分别如图 6-4-1 和图 6-4-2 所示。

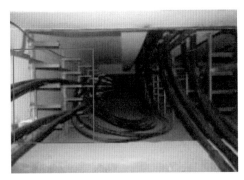

图 6-4-1　问题照片　　　　　　　　图 6-4-2　规范做法

(3) 违反的标准（规范）条款。国网北京市电力公司的《配电网施工工艺及验收规范》第 6.3.3.4 条电缆构筑物中电缆的敷设（1）电缆的排列，应符合下列要求："1）电力电缆和控制电缆不宜配置在同一层支架上。2）高低压电力电缆，强电、弱电控制电缆应按顺序分层配置：高压电缆在下，低压电缆在上；强电电缆在下，弱电控制电缆在下"。

【6-5　施工质量问题】　电缆防护不规范

(1) 问题描述。DTU 柜引出的二次控制电缆未安装槽盒，控制电缆搭在设备柜上，二次端子室进线口部位未加密封圈进行防护。

(2) 问题照片及规范做法分别如图 6-5-1 和图 6-5-2 所示。

图 6-5-1　问题照片　　　　　　　　图 6-5-2　规范做法

（3）违反的标准（规范）条款。Q/GDW 11250—2014《10kV 环网柜选型技术原则和检测技术规范》第 5.9.1 条电气接线："a）环网柜内控制、电源、通信、接地等所有的二次线均用阻燃型软管或金属软管或线槽进行全密封"。

【6-6 施工质量问题】 电缆未绝缘

（1）问题描述。二次控制电缆线芯剥皮过长，且剥皮后未包绝缘。

（2）问题照片及规范做法分别如图 6-6-1 和图 6-6-2 所示。

图 6-6-1 问题照片　　　　　　　　图 6-6-2 规范做法

（3）违反的标准（规范）条款。国网北京市电力公司的《配电网施工工艺及验收规范》第 6.1.7.1 条一般规定："（4）二次联接应将电缆分层逐根穿入二次设备，在进入二次设备时应在最底部的支架上进行绑扎。二次接线可靠，绝缘良好，接触良好、可靠"。

【6-7 施工质量问题】 电缆线芯整理不规范

（1）问题描述。DTU 设备槽盒穿入多条控制电缆，未将每根电缆的芯线成束绑扎，整齐排列。

（2）问题照片及规范做法分别如图 6-7-1 和图 6-7-2 所示。

图 6-7-1　问题照片　　　　　图 6-7-2　规范做法

（3）违反的标准（规范）条款。国网北京市电力公司的《配电网施工工艺及验收规范》第 6.4.3.2 条："将每根电缆的芯线单独分开、拉直，每根电缆的芯线宜单独成束绑扎"。

【6-8　施工质量问题】　电缆固定不规范

（1）问题描述。从 DTU 底部引出二次控制电缆，并将其沿夹层敷设至二次端子室，控制电缆未使用抱箍固定在电缆支架上。

（2）问题照片及规范做法分别如图 6-8-1 和图 6-8-2 所示。

图 6-8-1　问题照片　　　　　图 6-8-2　规范做法

（3）违反的标准（规范）条款。国网北京市电力公司的《配电网施工工艺

及验收规范》第 6.4.4.1 条："在电缆头制作和芯线整理后，应按照电缆的接线顺序再次进行固定，然后挂设标识牌"。

6.3 标　　识

【6-9　施工质量问题】　配电站室标志缺失

(1) 问题描述。配电室大门无站号牌及站外组合牌。

(2) 问题照片及规范做法分别如图 6-9-1 和图 6-9-2 所示。

(3) 违反的标准（规范）条款。国网北京市电力公司的《配电网施工工艺及验收规范》第 6.5.1.1 条站标示牌："(1) 站号牌。无人值守配电站室应安装站号牌，统一安装在右边大门中央离地 1.6m 处。(2) 站外组合标识牌。为起到安全警示作用，无人值守的配电站室应安装安全警示组合牌，具体内容为'未经许可，不得入内''严禁烟火''必须戴安全帽''当心触电'组合标识。固定于经常进出的大门右方离地 1.6m 处。对于周边环境复杂、易受干扰地区，则应加装'电力重地 4m 内禁止堆放杂物''电力重地 30m 以内禁止燃放鞭炮''电力重地 4m 内禁止停车'组合标识牌"。

图 6-9-1　问题照片

图 6-9-2　规范做法

【6-10　施工质量问题】　电缆缺失标志

(1) 问题描述。敷设的控制电缆始末端未标出电缆编号、电缆型号和电缆走向。

（2）问题照片及规范做法分别如图6-10-1和图6-10-2所示。

图6-10-1　问题照片　　　　　　图6-10-2　规范做法

（3）违反的标准（规范）条款。国网北京市电力公司的《配电网施工工艺及验收规范》第6.5.3.8条："在电缆终端头、电缆接头、拐弯处、夹层内、隧道及竖井的两端、人井内等地方，电缆上应装设标志牌。标志牌上应注明线路编号。当无编号时，应写明电缆型号、规格及起讫地点；并联使用的电缆应有顺序号。标志牌的字迹应清晰、不易脱落。新建及大修后，应校核电缆两端所挂铭牌是否相符。标志牌规格宜统一。标志牌应能防腐，挂装应牢固。电缆终端头相位颜色应明显，并与电力系统的相位符合"。

6.4　孔　洞　封　堵

【6-11　施工质量问题】　夹层孔洞未封堵

（1）问题描述。控制电缆的敷设未加装线槽盒，加装线槽盒的未将线槽盒延伸至夹层，花纹钢板与线槽盒交接处的孔洞未封堵，未能有效防止小动物。

（2）问题照片及规范做法分别如图6-11-1和图6-11-2所示。

（3）违反的标准（规范）条款。国网北京市电力公司的《配电网施工工艺及验收规范》第6.4.5.1条："端子箱、二次接线盒进线孔洞口应采用防火包进行封堵，电缆周围应采用有机堵料进行包裹"。

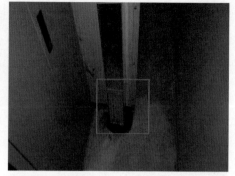

图 6-11-1　问题照片　　　　　　　　　　图 6-11-2　规范做法

【6-12　施工质量问题】　封闭式母线穿越墙壁孔洞未封堵

（1）问题描述。二次主开关封闭式母线穿墙、扩口的周边未进行修复，未采取防火隔离措施。

（2）问题照片及规范做法分别如图 6-12-1 和图 6-12-2 所示。

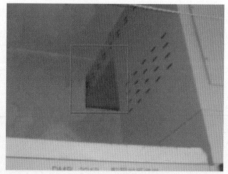

图 6-12-1　问题照片　　　　　　　　　　图 6-12-2　规范做法

（3）违反的标准（规范）条款。国网北京市电力公司的《配电网施工工艺及验收规范》第 6.1.9.2 条封闭母线安装："（8）封闭式母线穿越防火墙、防火楼板时，应采取防火隔离措施"。

【6-13 施工质量问题】 柜体周围孔洞未封堵

(1) 问题描述。开闭器内安装设备后，孔洞未铺设花纹钢板，且未封堵。

(2) 问题照片及规范做法分别如图6-13-1和图6-13-2所示。

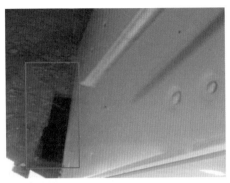

图6-13-1 问题照片

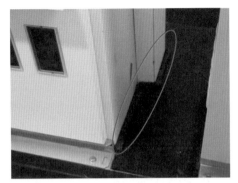

图6-13-2 规范做法

(3) 违反的标准（规范）条款。国网北京市电力公司的《配电网施工工艺及验收规范》第6.1.1.3条管沟预埋："(6) 电缆敷设完毕后需对管孔进行封堵，应选用柔性封堵材料（如橡胶法兰等）"。

【6-14 施工质量问题】 电缆孔洞未封堵

(1) 问题描述。DTU控制电缆穿过柜体底部进入夹层，底板孔洞未进行封堵。

(2) 问题照片及规范做法分别如图6-14-1和图6-14-2所示。

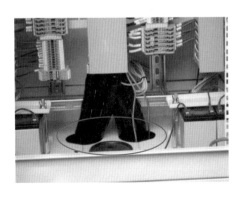

图6-14-1 问题照片

图6-14-2 规范做法

（3）违反的标准（规范）条款。国网北京市电力公司的《配电网施工工艺及验收规范》第7.1.2.12条设备防潮应符合下列规定："（2）柜内底板空洞必须使用防火软堵料封堵，软堵料的厚度应在10mm～20mm之间"。

6.5 接 地 装 置

【6-15 施工质量问题】 焊接工艺不规范

（1）问题描述。夹层接地环网扁钢的搭焊面积不足，未采取三面施焊，焊接部分未采取防腐措施。

（2）问题照片及规范做法分别如图6-15-1和图6-15-2所示。

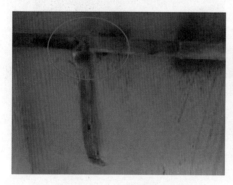

图6-15-1 问题照片

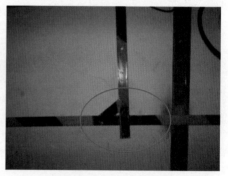

图6-15-2 规范做法

（3）违反的标准（规范）条款。国网北京市电力公司的《配电网施工工艺及验收规范》第6.1.1.4条防雷与接地（2）人工接地体（极）安装："3）接地体（线）的连接应采用焊接，焊接处焊缝应饱满并有足够的机械强度，不得有夹渣、咬肉、裂纹、虚焊、气孔等缺陷，焊接处的药皮敲净后，刷沥青做防腐处理。5）采用搭接焊时，其焊接长度如下：a）镀锌扁钢不小于其宽度的2倍，三面施焊（当扁钢宽度不同时，搭接长度以宽的为准）。敷设前扁钢需调直，煨弯不得过死，直线段上不应有明显弯曲，并应立放"。

【6-16 施工质量问题】 接地点不足

（1）问题描述。低压柜体未按要求与基础预埋扁钢进行两点焊接接地。柜体未与接地装置形成环网，接地不可靠。

（2）问题照片及规范做法分别如图6-16-1和图6-16-2所示。

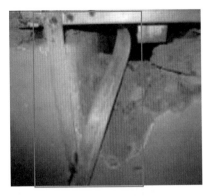

（a）　　　　　　　　（b）

图6-16-1　问题照片　　　　　　图6-16-2　规范做法

（a）近视图；（b）远视图

（3）违反的标准（规范）条款。国网北京市电力公司的《配电网施工工艺及验收规范》第6.1.6.6条："柜内接地母线与接地网可靠连接，接地材料规格不小于设计规定，每段柜接地引下线不少于两点"。

【6-17　施工质量问题】　柜体接地不规范

（1）问题描述。开闭器新装TV柜、DTU柜均无接地保护，未与原装接地装置网连接。

（2）问题照片及规范做法分别如图6-17-1和图6-17-2所示。

图6-17-1　问题照片　　　　　　图6-17-2　规范做法

（3）违反的标准（规范）条款。国网北京市电力公司的《配电网施工工艺及验收规范》第 7.1.2.1 条："柜、屏的金属框架及基础型钢必须接地（PE）或接零（PEN）可靠"。

6.6 附 属 设 施

【6-18 施工质量问题】 墙体有裂纹

（1）问题描述。站房外墙根部有裂纹，存在安全隐患。

（2）问题照片及规范做法分别如图 6-18-1 和图 6-18-2 所示。

图 6-18-1 问题照片　　　　　　　　图 6-18-2 规范做法

（3）违反的标准（规范）条款。国网北京市电力公司的《配电网施工工艺及验收规范》第 7.1.9.1 条房屋门窗："（2）房屋四壁及房顶无裂纹、渗水、漏雨现象"。

【6-19 施工质量问题】 风机未安装护网

（1）问题描述。站房风机内外未安装护网。

（2）问题照片及规范做法分别如图 6-19-1 和图 6-19-2 所示。

（3）违反的标准（规范）条款。国网北京市电力公司的《配电网施工工艺及验收规范》第 6.1.1.2 条门窗安装："（8）装有自然通风的百叶窗，百叶窗覆盖面应大于 2∶1，窗体外侧或内侧应装有防止小动物进入的不锈钢菱形网，网孔不大于 5mm"。

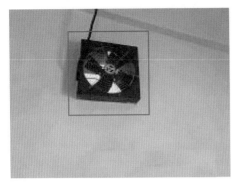

图6-19-1　问题照片　　　　　　　图6-19-2　规范做法

【6　20　施工质量问题】　站房未设置应急照明

（1）问题描述。站室内未设置供电时间不小于1h的应急照明装置。

（2）问题照片及规范做法分别如图6-20-1和图6-20-2所示。

（3）违反的标准（规范）条款。国网北京市电力公司的《配电网施工工艺及验收规范》第6.1.1.8条室内照明："（1）电气照明应采用高效节能光源，安装牢固，光照亮度应符合DL/T 5390《火力发电厂和变电站照明设计技术规定》要求。（2）在室内配电装置室及室内主要通道等处，应设置供电时间不小于1h的应急照明"。

图6-20-1　问题照片　　　　　　　图6-20-2　规范做法

7 避 雷 器

【7-1 物资质量问题】 避雷器引线密封

(1) 问题描述。无间隙氧化锌避雷器引线与配套护罩间密封不严密。

(2) 问题照片及规范做法分别如图 7-1-1 和图 7-1-2 所示。

(3) 违反的标准（规范）条款。国网北京市电力公司的《配电网避雷器选型技术原则和检测技术规范》第 5.1.8 条："架空线路无间隙避雷器与绝缘线路连接，一般配置预制绝缘引线或配置绝缘罩防护。预制的绝缘引线或绝缘罩内不应积水，应避免积水对引线及接线端子的腐蚀"。

图 7-1-1 问题照片

图 7-1-2 规范做法

【7-2 物资质量问题】 避雷器引线连接不规范

(1) 问题描述。HY5WS-17/46.4 的 17kV 无间隙氧化锌避雷器引线与伞裙连接处使用外护套为 RSFR-H 热塑管，该型号热塑管的标称额定电压为

600V，与 10kV 设备电压不匹配。

（2）问题照片及规范做法分别如图 7-2-1 和图 7-2-2 所示。

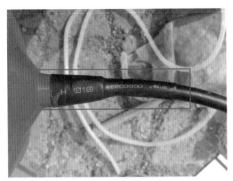

图 7-2-1 问题照片

图 7-2-2 规范做法

（3）违反的标准（规范）条款。国网北京市电力公司的《配电网施工工艺及验收规范》第 5.3.5 条："技术参数 架空线路设备保护避雷器一般选用额定电压 17kV，避雷器持续运行电压 13.6kV，标称放电电流 5kA，雷电冲击电流残压不大于 50kV，操作冲击电流残压不大于 42.5kV，陡波冲击电流残压不大于 57.5kV"。

【7-3 施工质量问题】 相间距离不足

（1）问题描述。10kV 耐张钢杆无间隙氧化锌避雷器相间距离小于 350mm。

（2）问题照片及规范做法分别如图 7-3-1 和图 7-3-2 所示。

图 7-3-1 问题照片

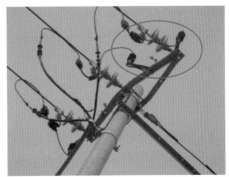

图 7-3-2 规范做法

（3）违反的标准（规范）条款。国网北京市电力公司的《配电网施工工艺及验收规范》第6.2.9.8条避雷器安装："（1）无间隙避雷器安装 2）10kV 避雷器间距不小于 350mm，0.4kV 避雷器间距不小于 150mm"。

【7-4 施工质量问题】 避雷器放电孔未开放

（1）问题描述。棒型间隙避雷器放电棒对应导线未开放电孔，避雷器不能起到保护线路的作用。

（2）问题照片及规范做法分别如图 7-4-1 和图 7-4-2 所示。

图 7-4-1 问题照片

图 7-4-2 规范做法

（3）违反的标准（规范）条款。国网北京市电力公司的《配电网施工工艺及验收规范》第6.2.9.6条避雷器安装（2）直线杆棒型间隙避雷器安装："3）转动避雷器，使避雷器上端放电棒和绝缘导线成垂直状态，用 55mm 长的专用量尺在避雷器上方挡距侧确定开孔中心位置，使用专用掏孔器，将绝缘线破口（6.5mm×12mm）"。

【7-5 施工质量问题】 放电棒与导线不垂直

（1）问题描述。直线杆棒型间隙避雷器在安装时，放电棒与导线不垂直。

（2）问题照片及规范做法分别如图 7-5-1 和图 7-5-2 所示。

（3）违反的标准（规范）条款。国网北京市电力公司的《配电网施工工艺及验收规范》第6.2.9.6条避雷器安装（2）直线杆间隙避雷器安装："3）转动避雷器，使避雷器上端放电棒和绝缘导线成垂直状态，用55mm长的专用量尺在避雷器上方挡距侧确定开孔中心位置，使用专用掏孔器，将绝缘线破口（6.5mm×12mm）"。

图7-5-1　问题照片　　　　　　　　图7-5-2　规范做法

【7-6　施工质量问题】　放电棒与导线距离不规范

（1）问题描述。棒型间隙避雷器放电棒与导线距离大于55mm。

（2）问题照片及规范做法分别如图7-6-1和图7-6-2所示。

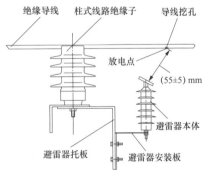

图7-6-1　问题照片　　　　　　　　图7-6-2　规范做法

（3）违反的标准（规范）条款。国网北京市电力公司的《配电网施工工艺及验收规范》第6.2.9.6条避雷器安装（2）直线杆间隙避雷器安装："3）转动避雷器，使避雷器上端放电棒和绝缘导线成垂直状态，用55mm长的专用量尺在避雷器上方挡距侧确定开孔中心位置，使用专用掏孔器，将绝缘线破口

（6.5mm×12mm）"。

【7-7 施工质量问题】 无间隙避雷器接地线压接不规范

（1）问题描述。10kV无间隙氧化锌避雷器在安装时，接地线引下线未压接端子或压接不实，接地不可靠。

（2）问题照片及规范做法分别如图7-7-1和图7-7-2所示。

（3）违反的标准（规范）条款。国网北京市电力公司的《配电网施工工艺及验收规范》第6.2.9.6条避雷器安装（1）无间隙避雷器安装："6）避雷器应可靠接地"。

图7-7-1 问题照片　　　　　　　图7-7-2 规范做法

GB 50303—2015《建筑电气工程施工质量验收规范》第17.2.2条："导线与设备或器具的连接应符合下列规定：

1. 截面面积在10mm² 及以下的单股铜芯线和单股铝/铝合金芯线可直接与设备或器具的端子连接。

2. 截面面积在2.5mm² 及以下的多芯铜芯线应接续端子或拧紧搪锡后再与设备或器具的端子连接。

3. 截面面积大于2.5mm² 的多芯铜芯线，除设备自带插接式端子外，应接续端子后与设备或器具的端子连接；多芯铜芯线与插接式端子连接前，端部应拧紧搪锡。"

【7-8 施工质量问题】 引线压接位置不规范

(1) 问题描述。避雷器引线直接压接在断路器瓷头上，未压接在主导线的引流线上，不能有效地保护设备。

(2) 问题照片及规范做法分别如图7-8-1和图7-8-2所示。

(3) 违反的标准（规范）条款。《国网北京市电力公司配电网工程典型设计——线路分册》图10-1耐张杆柱上真空负荷开关混凝土电杆（自动化无熔断器）安装图（NK1-15-Ⅰ），该图如图7-8-3所示。

图7-8-1 问题照片　　　　　　　图7-8-2 规范做法

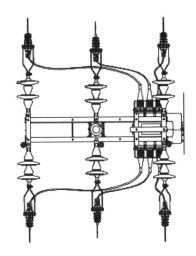

图7-8-3 耐张杆柱上真空负荷开关混凝土电杆（自动化无熔断器）安装图（NK1-15-Ⅰ）

【7-9 施工质量问题】 避雷器配置不规范

(1)问题描述。紧凑式变压器的10kV高压柔性电缆沿杆敷设,通过熔断器连接的避雷器未按照典型设计要求安装支柱式避雷器。

(2)问题照片及规范做法分别如图7-9-1和图7-9-2所示。

图7-9-1 问题照片

图7-9-2 规范做法

(3)违反标准(规范)条款。《国网北京市电力公司配电网典型设计——线路分册》图14-2紧凑式柱上变压器安装图(Ⅰ型配电箱熔断器低位安装)(BT2-15-Ⅰ),该图如图7-9-3所示。

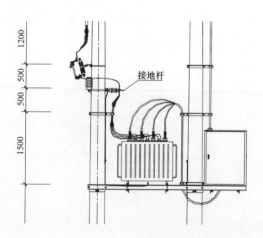

图7-9-3 紧凑式柱上变压器安装图(Ⅰ型配电箱熔断器低位安装)(BT2-15-Ⅰ)

【7‑10 施工质量问题】 避雷器横担安装不规范

（1）问题描述。柱式氧化锌避雷器专用横担安装于主杆外侧，不符合规范要求。

（2）问题照片及规范做法分别如图7‑10‑1和图7‑10‑2所示。

图7‑10‑1 问题照片　　　　　　　　图7‑10‑2 规范做法

（3）违反标准（规范）条款。国网北京市电力公司的《配电网施工工艺及验收规范》第6.2.9.8条避雷器安装（1）无间隙避雷器安装："3）紧凑式变压器台10kV无间隙氧化锌避雷器专用横担安装于主杆内侧，水平安装，与变压器台杆连线垂直。"

【7‑11 施工质量问题】 避雷器接地杆绝缘不规范

（1）问题描述。紧凑式变压器台上的支柱式避雷器接地杆绝缘未推入运行位置，绝缘未封闭。

（2）问题照片及规范做法分别如图7‑11‑1和图7‑11‑2所示。

（3）违反的标准（规范）条款。国网北京市电力公司的《配电网施工工艺及验收规范》附录C中表C.9紧凑式变压器台安装分项工程质量检验评定表规定，变压器台安装中避雷器接地杆绝缘罩安装完成绝缘封闭。

图 7 - 11 - 1　问题照片

图 7 - 11 - 2　规范做法

附录　国网北京市电力公司配电网建设改造原则（摘要）

一、编制目的

为落实公司"突出配电网建设改造、提升电网发展水平"的决策部署，使 10kV 配电网（以下统称配电网）建设改造工程项目做到"符合标准、效果突出"，依据《国家电网公司生产技术改造原则》《北京电网规划设计技术原则》和《关于明确"2014～2017 年配电网提升行动计划"规划投资原则与重点的通知》等文件，制定本原则。

二、建设目标

2017 年实现 A＋类❶地区供电可靠率 99.999％，A 类❷地区 99.995％，四环外平原地区 99.99％。

2017 年实现四环内停 1 条 10kV 母线（A 和 B 段）不损失负荷；四环外平原地区停半段 10kV 母线（A 或 B 段）不损失负荷；四环内 50％变电站，满足本站全停不损失负荷。

三、总体原则

以"完善配电网网架结构"为目标，以"提升设备健康水平，降低配网故障率，提高供电可靠性"为重点，开展配电网和配电自动化的建设改造工作。

（1）架空（混）网按照多分段、多联络的原则完善网架结构，按照规划区

---

❶　A＋地区主要包括北京市核心区（三环内）、未来科技城、通州运河中心区等高端区域。

❷　A 类地区主要包括北京市中心区（四环内）除核心区以外的地区。

域要求实现配电自动化功能，完成 A＋、A、B 类●地区自动化功能的建设。

（2）开展"特、一级重要客户"供电电源的网络改造，同步完善自动化功能。

（3）电缆网按不同变电站间形成环网接线的原则完善网架结构，同步完善自动化功能。

（4）对故障多发线路及不满足安全要求的设备进行改造，同步完善自动化功能，提高配电网的装备水平，降低故障率。

（5）对全部开关站开展自动化功能改造，实现光纤通信全面覆盖。

（6）配电自动化改造以实现快速隔离故障的"自愈"功能为目标，通信以光纤通信方式为主。

（7）光纤到台区的建设应与一次设备（杆、线）改造同步进行。

（8）同一线路提升互倒互带能力和设备健康水平的工程应同步完成。

（9）加强拆旧设备（线、缆）的管理，强化统筹协调和过程管控，确保拆旧设备在农村配电网改造中能用、可用。

四、改造内容

1 提升互倒互带能力，优化网架结构

1.1 架空（混）网部分

1.1.1 主要原则

架空（混）网线路按照全部实现联络，长距离主干线增加分段开关为原则，以整条线路为单位改造：

（1）按照区域规划中分段、联络技术标准进行改造，并同步解决导线卡脖子问题。

（2）优先加装联络、合理增加分段、实现自动化功能。

（3）在与用户分界处加装用户分界负荷开关。

● 市辖供电区除中心区以外的地区、各新城、工业园和其他开发区。

1.1.2　技术要求

（1）对现有网架结构进行梳理，对 A＋、A 及 B 区域不少于 4 分段、3 联络，C 类❶和 D 类❷区域不少于 3 分段、2 联络改造，特殊线路进行适当分段，同步建设光纤通信网，实现自动化功能。

（2）对不能满足全部负荷转移的线路加装分段和联络开关，实现负荷分段倒出。

1.2　电缆网部分

1.2.1　主要原则

（1）以实现 A＋、A 区域 50％ 的 110kV 变电站本站全停不损失负荷为目标，以变电站为单位，形成不同变电站间的环网接线；对卡脖子电缆和不满足安全运行要求的设备进行改造，同步建设光纤通信网，实现自动化功能。

（2）电缆网改造工作要最大限度利用现有管沟资源实现环网，优先完成同一电源方向的、最易实现环网架构的变电站。现有管沟不具备形成环网条件的，按照网格化规划，逐步实施管沟建设。相关变电站出站隧道不满足要求的，应一并改造。

（3）建立电缆环网时应考虑相关变电站 10kV 接地方式，以变电站为单位，在同一供电区域内采用同种接地方式。A＋、A、B 区域应采用低电阻接地方式。

1.2.2　技术要求

（1）通过改造形成不同方向电源的环网接线方式，A＋、A 区域实现 50％ 的 110kV 变电站本站全停不损失负荷。对不满足自动化条件的设备进行改造，同步实现自动化功能，涉及纸绝缘电缆的应进行更换，或通过网架结构的调整将其退运。

（2）通过改造形成环网接线方式，实现 B、C 及 D 区域的平原地区 110kV 变电站停半段 10kV 母线不损失负荷。改造中涉及纸绝缘电缆的应进行更换。

---

❶　1　县级供电区除 B 类以外的平原地区。

❷　2　A＋、A、B、C 类区域以外的区域。

（3）A+、A、B 区域电缆线路负荷不满足 $N-1$，应按照不同站间环网改造的原则来解决。

（4）对于 C、D 区域电缆线路的载流能力不满足要求的电缆进行更换。

2 提升重要用户（特、一级）可靠性

2.1 架空（混）网用户改造原则

（1）对于具备改入电缆网条件的重要用户的外电源改成电缆网。

（2）对于不具备改入电缆网条件的架空（混）网用户外电源按照"提升设备健康水平、降低故障率"标准对全路设备进行改造，同步满足线路自动化的"自愈"要求。

2.2 电缆网用户改造原则

（1）针对特级用户改造形成第三电源，保证至少有一路电源来自不同的变电站，电缆线路满足"$N-2$"运行；对客户内部没有改造条件的，应对电缆分界室设备进行改造，形成第三电源，同步实现自动化功能。

（2）对一级用户外电源按照变电站全停不损失负荷的原则进行改造，并形成环网接线，同步实现自动化功能。

（3）改造同时对不符合安全要求的电缆及设备进行改造。

3 提升设备健康水平，降低故障率

3.1 架空（混）网部分

3.1.1 主要原则

（1）按照多分段、多联络改造线路及故障多发线路为优先的原则，对 A+、A 及 B 区域全部线路进行全绝缘化改造。以线路为单位，重点进行变台全密封、线路防雷、承力电杆改造、电缆分支箱、针式绝缘子设备，取消柱上隔离开关，加装用户负荷分界开关，同步建设光纤网，实现自动化功能。

（2）按照实行适度联络、合理分段改造线路为优先的原则，对 C、D 区域平原地区故障多发（3 次及以上）、存在裸导线的线路进行绝缘化改造，同步建设光纤通信网，实现自动化功能。

（3）消除高损耗变压器，高损变改造同时以台区为单位进行低压线路综合改造。

（4）在柱上变压器改造时，按照紧凑型变台接线方式对配电箱改造，实现利用智能电表对台区变压器的数据采集及运行状态监测的功能，同步实施通道建设。

（5）以台区为单位，对城乡结合部、农村等地区故障多发的低压线路进行改造，同时取消农网配电室。

（6）线路防外力水平提升改造，重点进行跨路、对地距离不够、道路路口存在安全隐患、交通外力多发、存在其他外力隐患的电杆改造。

3.1.2 技术要求

3.1.2.1 导线

（1）10kV架空（混）网线路导线截面积按照统一原则配置，干线选用185mm²，支线选用70mm²；电缆截面积按照统一原则配置，干线选用300mm²，支线选用150mm²。对架空（混网）线路中瓶颈段导线、电缆进行更换。

（2）0.4kV低压架空导线采用铝芯交联聚乙烯绝缘线，导线截面积按照统一原则配置，干线采用150mm²，支线采用70mm²；低压出线电缆截面积按照统一原则配置，依据变压器容量及负荷配置选用240mm²及120mm²两种。特殊情况需进行载流量验算。

（3）更换绝缘破损超过2m的、绝缘导线耐张段内存在接头的导线；对导线上遗留的地线削口处、导线绝缘破损不足2m的进行绝缘恢复。

（4）导线（含低压）非承力连接处使用并勾线夹的，全部更换为弹射楔型（安普）线夹或H线夹。

（5）对A+、A、B区域的接户线随台区改造进行标准化改造，C、D区域内低于6mm²接户线、铝接户线分阶段进行改造。

3.1.2.2 防雷设备

（1）淘汰高（低）压非复合外套氧化锌避雷器、防雷穿刺线夹，更换运行15年以上的线路避雷器，淘汰环形间隙避雷器。

（2）在柱上变压器、柱上开关、电缆终端杆处未装避雷器的，应补装避雷器。

（3）更换引线不是交联聚乙烯绝缘线的、引线端口无热缩防水绝缘措施的、绝缘值小于 1000MΩ 的（用 2500V 摇表摇测）、本体破损变形的避雷器。

（4）避雷器及 10kV 柱上设备接地引下线丢失的一律改造为 35mm² 铜芯交联聚乙烯绝缘线，在距地面 5m 以上的位置与直径 8mm 圆钢引线连接，并用接地圆形护管（2.5m）保护。

（5）对线路未采取防雷措施的绝缘线路进行防雷改造。

3.1.2.3　防外力改造

（1）跨铁路和高速路的、导线对地距离不满足现状运行要求的，采取更换、加杆或局部入地改造的措施。

（2）对不能有效解决的树线矛盾、线房矛盾进行线路改造时，可考虑线路路径迁移改造。

（3）设备周边环境恶劣（基础低洼积水、存在易燃易爆物品、易被车撞等）及严重影响巡视和操作的，应考虑迁移。

（4）对在道路两侧易受车辆剐碰的、保险器对地距离低于 4.5m 的，变压器台架低于 2.5m 的变台安排改造。

（5）对鸟搭窝频发地区，推荐使用防鸟横担改造。

3.1.2.4　绝缘子

（1）更换 10kV 架空（混）网线路中针式绝缘子为柱式绝缘子。

（2）对 10kV 架空（混）网线路中未加装防雷间隙的箍位绝缘子补装防雷间隙。

（3）结合低压台区改造，更换线路中的 P6 型以下针式绝缘子。

3.1.2.5　电杆

（1）杆塔承力不够或存在严重老化、裂纹、锈蚀的应安排改造，改造时整个耐张段内的电杆应统一高度。

（2）路径环境复杂及人员密集区域，原则上更换 10kV 架空（混）网线路中 10m 电杆，新电杆采用 15m。

（3）10kV 架空（混）网线路整体或电杆专项改造时，含有拉线的承力电杆，具备条件的更换为不含拉线的高强度混凝土电杆、钢管杆。

3.1.2.6　柱上隔离开关

（1）取消线路中所有柱上隔离开关，将支线用隔离开关更换为真空负荷开关。

（2）将配电室进线及用户进线隔离开关更换为用户分界负荷开关。

3.1.2.7　柱上变压器

（1）非高耗能配电变压器运行年限不超过 15 年，无影响安全运行的，原则上不予整体更换。

（2）更换高损（S9 以下）、渗漏油严重的变压器。

（3）更换运行 15 年以上的低压综合配电箱。

（4）淘汰农村低压配电室。

（5）对运行年限超过 20 年、外皮龟裂严重的柱上变压器出线电缆和小截面铝芯电缆进行改造。

3.1.2.8　柱上负荷开关

柱上油开关、无法实现自动化功能的开关、无内置隔离开关的真空开关，统一更换为具备自动化功能的真空开关，联络开关、分段开关双侧加装 TV，出站开关单侧加装 TV，TV 应加装熔断器。

3.1.2.9　用户分界负荷开关

用户分界刀闸逐步更换为具备自动化功能的用户分界负荷开关。

3.1.2.10　架空（混）网线路中电缆

（1）架空（混）网线路中运行年限超过 25 年，或发生过 3 次以上故障，可安排更换。

（2）更换 A＋、A 区域油纸绝缘电缆，其他区域对主干线中油纸绝缘电缆进行更换，更换时具备条件的应移入管井、沟道中。

3.1.2.11　环网柜（开闭器）、电缆分支箱

（1）优先更换存在家族缺陷、负荷开关渗漏气严重的环网柜。

（2）优先安排淘汰 A＋、A、B 区域，架空（混）网线路中的电缆分支箱；淘汰 C、D 区域架空（混）网线路中联络节点处及干路电缆分支箱；逐步淘汰 C、D 区域架空（混）网线路中其他电缆分支箱。

3.2 电缆线路部分

3.2.1 主要原则

（1）按照更换纸绝缘电缆、不满足安全运行要求的环网设备优先改造的原则，以线路为单位，A＋、A 及各区县城区形成不同站间环网接线或"配电自动化建设"改造的同时进行设备改造和电缆迁移入管沟改造。同步建设光纤网，实现自动化功能。

（2）按照更换纸绝缘电缆优先改造的原则，以线路为单位，除各区县城区以外的 B 区和 C、D 平原地区进行电缆迁移入管沟改造，同时进行环网设备的改造。同步建设光纤网，实现自动化功能。

（3）电缆迁移入管沟的项目，实施管沟建设时应参考规划意见逐步实施，无规划的可直接在现状附近修建管沟。

（4）对于箱体破损的低压电缆分支箱进行改造。

3.2.2 技术要求

（1）A＋、A、B 区域电缆为同路径直埋敷设且易发生外力破坏的，应改造至管沟内。

（2）电缆通道与燃气、热力管线、腐蚀性介质管道的距离不符合规程要求的，应进行迁移改造。

（3）电缆分界室内敞开式的开关柜、不能带负荷操作的环网柜应进行更换，同步实现自动化功能。

（4）对于严重锈蚀、外壳损坏、基础低洼、母线绝缘不封闭、不能带负荷操作的隐患低压电缆分支箱，应安排进行更换。

（5）更换油纸绝缘电缆，并应移入管沟内。

3.3 配电站室部分

3.3.1 主要原则

（1）站室内一次设备运行不超过 20 年，无影响安全运行的，原则上不进行改造。

（2）按照带重要用户、带高损变优先的原则，以站室为单位，对一次设备不满足安全运行要求的开关站、配电室和箱变进行改造，同步建设光纤网，实现自动化功能。

（3）对于重载或不满足 $N-1$ 的站室应优先采取分装措施，否则应进行增容改造。

3.3.2　技术要求

3.3.2.1　高压开关柜

（1）对存在闭锁装置严重损坏缺陷、封闭性差的高压开关柜，如 GG‐1A 型高压开关柜，应进行改造。

（2）对敞开式、存在较多安全隐患等不满足安全运行要求的高压负荷开关柜，如 FZRN 型号的墙挂式负荷开关、HXGN、GG‐1A 型高压负荷开关柜进行改造更换。

（3）淘汰油开关，更换为免（少）维护产品。

3.3.2.2　配电变压器

（1）A＋、A、B 区域单台变压器的负载率超 80％或双台变压器的负载率合计超过 100％的站室，C 和 D 区域单台变压器满载或双台变压器负载率合计超过 115％的站室，应优先采取分装措施，否则应进行增容改造，一般采取换大变压器的措施，换大上限为 1000kVA。

（2）对配电站室高损变进行更换。

（3）对存在严重渗漏油等缺陷的油浸式变压器进行更换。

3.3.2.3　低压开关柜

对技术落后、不满足安全运行要求的低压开关柜进行改造，主要包括 PGL、BSL 等型低压开关柜，内置 DW、AE、AH、CW1 型及存有家族性缺陷（如部分厂家的 M 型开关）的低压主开关或 DZ、CM 系列塑壳低压馈线开关。

4　配电自动化建设

4.1　主要原则

4.1.1　各属地公司应具备独立的配电自动化主站。

4.1.2　架空（混）网在 A＋、A 及 B 类区域结合全绝缘化线路改造，同步开展配电自动化建设，实现 A＋、A 及 B 类区域的架空（混）网线路自动化的"自愈"功能。

4.1.3　电缆网在进行环网架构改造时，应对整路的环网设备进行改造，实现自动化功能。按更换纸绝缘电缆优先的原则，对 A＋、A 和各区县城区未进行环网架构改造的电缆网应以变电站为单位进行自动化改造。

4.1.4　配电站室按照一次设备不满足安全运行要求优先改造的原则，以配电站室的上级变电站为单位，对所有开关站和 A＋、A 区域及各区县城区的配电室、箱变应进行自动化改造。

4.1.5　为特、一级重要用户的电缆线路，应对整路的环网设备进行改造，实现自动化功能。

4.1.6　配电变压器应具备信息采集功能。

4.1.7　实现自动化功能的设备应同步建设通信网，通信网以光纤通信方式为主，在光纤通信目前无法实现的区域可采用无线公网方式过渡，但须逐步推进光纤、PLC 载波通信等通信网建设。

4.2　技术要求

4.2.1　开关站：

（1）对于不能实现自动化、开关辅助接点不满足"三遥"功能（如 GG - 1A 型开关柜）的开关站，对设备进行改造，实现自动化功能。

（2）保护装置具备通信功能，采用加装 DTU（不涉及低压的不装）及保护管理机的方式实现自动化功能。

（3）保护装置不具备通信功能的站点，通过整体更换保护装置使其具备通信功能方式解决。

4.2.2　配电室及箱变：

（1）具有电操机构的 10kV 设备，直接加装 DTU 及多功能网络表，实现自动化功能。

（2）不具备电操机构的可采用对 10kV 设备加装电操机构，不具备加装条件的对设备进行改造，同步加装 DTU 及多功能网络表，实现自动化功能。

4.2.3　电缆分界室、开闭器：

（1）电缆分界室、开闭器须通过加装 TV 向 DTU 提供 220V 电源，电缆分界室、开闭器没有 TV 的，应进行加装 TV 设备改造解决。

（2）具备电操机构的，直接通过加装 DTU 实现数据采集及上传；不具备电操机构的，应加装 DTU、电操机构。

4.2.4 柱上开关：

（1）柱上分段与联络开关均采用 FTU 实现"三遥"自动化功能其控制器具备通信功能。

（2）柱上开关不具备电动操作功能的，通过更换开关同时加装具备通信功能的控制器解决其自动化功能。

（3）柱上开关具备电动操作功能但其控制器不具备通信功能的，通过更换具备通信功能的控制器解决其自动化功能。

（4）柱上油开关及无内置隔离开关的真空开关，更换为具备自动化功能的真空开关。

4.2.5 用户分界负荷开关：

用户分界负荷开关不具备通信功能的，通过更换具备通信功能的控制器实现上传。

五、阶段性改造计划

（1）2014 年重点开展二环内的电缆环网改造，二环内及各区县城区的架空（混）网"手拉手"及全绝缘改造，开关站消隐工作，随工程进行设备自动化改造。

（2）2015 年重点开展三环内的电缆环网改造，三环内及各区县城区的架空（混）网"手拉手"及全绝缘改造，开展开关站及配电室消隐工作，随工程进行设备自动化改造。

（3）2016 年重点开展四环内的电缆环网改造，五环内及各区县平原地区的架空（混）网"手拉手"及绝缘化改造，开展配电室、箱变消隐工作，随工程进行设备自动化改造。

（4）2017 年重点开展四环内的电缆环网改造，各区县平原地区架空（混）网进行绝缘化改造，四环内及各区县城区未进行改造设备的自动化工作。

参 考 文 献

[1] 国网北京市电力公司. 配电网施工工艺及验收规范［M］. 北京：中国电力出版社，2017.

[2] 国家电网公司. 国家电网公司 10kV 配电网工程典型设计（2016 年版）［M］. 北京：中国电力出版社，2016.

[3] 帅军庆. 国家电网公司 380/220V 配电网工程典型设计（2014 年版）［M］. 北京：中国电力出版社，2014.

[4] 国家电网公司运维检修部. 配电网工程工艺质量典型问题及解析［M］. 北京：中国电力出版社，2017.

[5] 张本礼. 配电网运行与管理技术［M］. 北京：中国电力出版社，2016.

[6] 国网辽宁省电力有限公司运检部. 配电网施工工艺质量常见问题图解手册［M］. 北京：中国电力出版社，2017.

[7] 北京市电力公司. 配电网技术标准　设备选用分册［M］. 北京：中国电力出版社，2010.

[8] 姚志松，姚磊. 新型配电变压器结构、原理和应用［M］. 北京：机械工业出版社，2007.

[9] 宁岐. 架空配电技术实用手册［M］. 北京：中国水利水电出版社，2014.